ARBEITSGEMEINSCHAFT FÜR FORSCHUNG
DES LANDES NORDRHEIN-WESTFALEN

NATUR-, INGENIEUR- UND GESELLSCHAFTSWISSENSCHAFTEN

84. SITZUNG

AM 3. DEZEMBER 1958

IN DÜSSELDORF

ARBEITSGEMEINSCHAFT FÜR FORSCHUNG
DES LANDES NORDRHEIN-WESTFALEN

NATUR-, INGENIEUR- UND GESELLSCHAFTSWISSENSCHAFTEN

HEFT 89

WILHELM BISCHOF

Materialprüfung — Praxis und Wissenschaft

HERAUSGEGEBEN
IM AUFTRAGE DES MINISTERPRÄSIDENTEN Dr. FRANZ MEYERS
VON STAATSSEKRETÄR PROFESSOR Dr. h. c., Dr. E. h. LEO BRANDT

WILHELM BISCHOF

Materialprüfung — Praxis und Wissenschaft

SPRINGER FACHMEDIEN WIESBADEN GMBH

ISBN 978-3-663-00777-7 ISBN 978-3-663-02690-7 (eBook)
DOI 10.1007/978-3-663-02690-7

Ursprünglich erschienen bei Westdeutscher Verlag, Köln und Opladen 1963

Als ich aufgefordert wurde, vor diesem Kreis einige Ausführungen über die Materialprüfung zu machen, kam ich in gewisse Verlegenheit. Man möchte mich mißverstehen, wenn ich mir erlauben würde, hier über ein Gebiet zu sprechen, das man nicht ohne weiteres zu den Wissenschaften zu rechnen geneigt ist, zumal die Materialprüfung für die Wirtschaft eine zwingende Notwendigkeit ist und in ihrer Zielsetzung nicht die Freiheit der Wissenschaft besitzt. Die Formulierung „Materialprüfung – Praxis und Wissenschaft" läßt es noch offen, ob unter Wissenschaft und Praxis die Materialprüfung selbst zu verstehen oder ob die Beziehung der Materialprüfung zu Wissenschaft und Praxis zu behandeln ist. Der Begriff „Materialprüfung" ist nicht so einfach klarzustellen wie eine Definition für Physik, Chemie oder dergleichen. „Materialprüfung" ist nicht nur die Prüfung eines Materials, sondern der Begriff beinhaltet auch die Veranlassung der Prüfung und die Konsequenzen der Prüfung.

Es ist ratsam, zuerst zu überlegen, wie die Materialprüfung sich entwickelt hat. Da alle Entwicklungsstufen auch heute noch anzutreffen sind, machen solche Überlegungen keine Schwierigkeit.

I

Die Materialprüfung ist so alt wie der Mensch. Ich würde mich gar nicht wundern, wenn Zoologen sagen würden: – noch älter. Schon auf frühester Entwicklungsstufe traf der Mensch eine Auswahl der Stoffe, die er für Waffen, für den Bau seiner Hütte usw. benötigte. Die Auswahl konnte nur nach physikalischen Merkmalen der verwendeten Materialien, nach Form, Farbe, Geruch, Biegsamkeit oder dergleichen erfolgen. Das war nichts anderes als Materialprüfung.

In einer späteren Entwicklungsstufe wurde das von der Natur gelieferte Material für den besonderen Zweck mechanisch verarbeitet. Hierbei mußten gewisse Materialeigenschaften in Erscheinung treten, erkannt und berücksichtigt werden. Der Stoff für die primitiven Werkzeuge mußte eine Härte und eine Festigkeit besitzen, die den entsprechenden Eigenschaften der zu verarbeitenden Materialien überlegen waren. Es ergaben sich damit bereits gewisse Differenzierungen von Materialien gleicher Art.

In einer weiteren Entwicklungsstufe wurde das von der Natur gebotene Material nicht nur mechanisch in die gewünschte Form umgearbeitet, sondern es wurden auch neue Stoffe durch Vermischung geeigneter Rohstoffe oder durch Erschmelzen von Metallen geschaffen. Zuerst dürfte hier die Herstellung und Verwendung von Mörtel, von Ziegeln, Ton und sonstigen keramischen Stoffen in Frage gekommen sein. Das Material mußte nicht nur im fertigen Gegenstand, sondern bereits in den Ausgangsstoffen geprüft und beurteilt werden. Die Verwendung von Ziegeln und von Metallen hat ja bereits Jahrtausende vor unserer Zeitrechnung eine beachtliche Verbreitung gehabt. Die erhalten gebliebenen Bauwerke und manche Funde sprechen durchaus dafür, daß schon damals ausgewähltes Material verwendet wurde.

Die Güte des Bauteils oder des Gegenstandes wurde vom Verbraucher natürlich unmittelbar nach ihrem Verhalten beim Gebrauch beurteilt. Die Folge war die Bevorzugung und der Ruf bestimmter Baumeister, Schmiede usw., die sich eine gewisse Kenntnis des Werkstoffes und der Rohstoffe erworben hatten. Die Beurteilung durch Beobachtung des Verhaltens im Betrieb über lange Zeitdauer, wobei zahlreiche, vielfach nicht übersehbare Betriebsfaktoren wirksam werden, gibt es auch heute noch. Diese Art der Prüfung ist allerdings in einer fortgeschrittenen Wirtschaft meist viel zu langsam. Um die Prüfzeit abzukürzen, half man sich daher und hilft man sich auch heute noch hier und da mit sogenannten Probebelastungen bei höherer Beanspruchung als beim späteren Gebrauch. Beispielsweise wurde das neu hergestellte Schwert federnd um einen bestimmten Betrag gebogen. Brach es dabei nicht und federte es ohne bleibende Verbiegung wieder zurück, so glaubte man sicher zu sein, daß der Stahl ausreichend hohe Festigkeit besaß und frei von Fehlern war. Heute werden solche Überbelastungen bei Brücken, Decken, Rohren und Behältern wie Kesseltrommeln, bei Ketten usw. durchgeführt. Dabei können aber äußerlich meist nicht sichtbare Schäden auftreten wie bleibende Formänderungen, Versprödungen, Risse bei Schweißen u. dgl. Dies setzt dem Prüfverfahren natürlich eine Grenze.

Bei größeren in Serien hergestellten kleineren Bauteilen begnügt man sich auch mit einer Modellprüfung, allenfalls mit in größerem Abstand durchgeführten Stich- oder Kontrollproben. Hieraus geht schon hervor, daß mit fortschreitender Technik die unmittelbare Prüfung am Bauteil durch mittelbare Prüfungen ersetzt werden mußte.

Seit Beginn der Industrialisierung wurden dann mehr und mehr Prüfungen am Stoff selbst vorgenommen, bevor das Werkstück oder das Bauteil daraus gefertigt wurde. Man suchte dabei einen Kennwert des Stoffes und traf die Auswahl nach dem Kennwert auf Grund von Erfahrungen. Hiermit wurde der Materialprüfung gewissermaßen eine Mittlerrolle zwischen dem Erzeuger des Stoffes und dem Verbraucher zugeteilt.

Mit der Großproduktion an Stahl nach etwa 1860 wurde diese Prüfung mehr und mehr die vorherrschende. Heute sind in einem modernen Eisenhüttenwerk, in dem beispielsweise im Monat 140 000 t unlegierte und niedriglegierte Stähle hergestellt werden, monatlich etwa 83 000 Analysen (Stahl, Ferrolegierungen, Koks, Schlacke) erforderlich. Von 1000 Proben aus dem Produktionsfluß werden dazu 5500 mechanische Prüfungen durchgeführt, um die Qualität jeder einzelnen Stahlsorte und jeder Lieferung zu sichern. Weiter wird die Lieferung noch durch sogenannte „Abnehmer“ der Kunden oder einer Abnahmegesellschaft kontrolliert. Für diese „Abnahme“ werden in dem genannten Fall noch weitere 22 000 Proben untersucht mit Aufschreibung von über 100 000 Einzelwerten. Darüber hinaus führen die Maschinenfabrik oder die Stahlbauanstalt, die den Stahl verarbeiten, nicht selten auch noch einmal eine Kontrolle durch.

Aber nicht nur Stähle, die zwar bis heute eine zentrale Stellung hinsichtlich der Materialprüftechnik, nicht aber mehr hinsichtlich des Prüfumfanges einnehmen, werden geprüft, sondern alle nur denkbaren Werkstoffe und Baustoffe wie Gußeisen, Nichteisenmetalle, Steine, Beton, Kunststoffe, Holz, Farben, Textilien usw. und Hilfsstoffe – solche Stoffe, die zur Erzeugung, zur Verbesserung und zum Schutz der Werkstoffe verwendet werden – wie Zement, Sand, Eisenerze, Wasser, Lösungsmittel, Holz-Imprägnierungsmittel usw. Die Zahl dieser Stoffe steigt mit der Entwicklung der Technik, entsprechend den Bedürfnissen der Industrie und den Wünschen der Wirtschaft ständig an. Es ist selbst den Spezialisten auf den Sondergebieten ein unmittelbarer Überblick nicht mehr möglich.

Außer der Identifizierung und Beurteilung dieser Stoffe wird von der Materialprüfung vielfach auch die Prüfung der Funktion der aus den erwähnten Stoffen hergestellten Produktions-, Verkehrs- und Gebrauchsmittel verlangt, zumal das einwandfreie oder fehlerhafte Funktionieren meist mit der Qualität des Werkstoffes in Zusammenhang steht. Es ist nicht möglich, eine auch nur angenäherte Aufzählung des Aufgabenumfanges der Materialprüfung hier vorzunehmen.

Dieser hiermit angedeutete Abschnitt, die *moderne* Materialprüfung, setzte erst Mitte vorigen Jahrhunderts mit der modernen Massenproduktion und dem modernen Großverkehr ein, nachdem sich bereits durch mehrere Jahrhunderte gewisse Techniken eingeführt hatten und auch schon sehr beachtliche theoretische Vorstellungen zu verzeichnen waren.

Die Entwicklung der Materialprüfung in den modernen Industriestaaten zeigte einen Trend, der deutlich die Phasen der technischen Fortschritte widerspiegelt. Leider besteht in der Bundesrepublik keine Vergleichsmöglichkeit, da alle Ämter nach 1945 mehr oder weniger große Wiederaufbauschwierigkeiten hatten und erst in den letzten Jahren einigermaßen verläßliche Zahlen verfügbar sind. Das größte Materialprüfungsamt in Europa, das Eidgenössische Materialprüfungsamt in Zürich, bietet die Möglichkeit zur Beurteilung des Entwicklungstrends, da dieses Amt von Krisen und Kriegseinwirkungen weitgehend verschont worden ist. An den Einnahmen- und Ausgaben-Kurven der Schweizer Anstalt kann man drei Abschnitte der Entwicklung ablesen, und zwar bis 1917, von 1917 bis 1935 und von 1935 an.

Im Abschnitt von 1890 bis 1917 findet die Materialprüfung nur allmählich Beachtung. Damals wurden zwar die grundlegenden Prüfmethoden eingeführt, aber die Materialprüfung trug noch mehr oder weniger akademischen Charakter. Das Volumen der Materialprüfung betrug nicht mehr als 1/50 von dem, was heute untersucht wird.

Zu Beginn des zweiten Abschnitts der Entwicklung im ersten Weltkrieg zeigte sich die praktische Notwendigkeit der Prüfung besonders bei der Lieferung von Kriegsmaterial. Die Sicherung einer gleichmäßigen Güte war die Voraussetzung der Kriegführung. Insbesondere galt dies für eine Verständigung in der weltweiten Industrie der Alliierten. Von dieser Seite kam es dementsprechend zu dem stärksten Antrieb für die Normung; denn trotz der schon bis etwa 1850 zurückreichenden Bemühungen einzelner Techniker war man auf dem Gebiete der Normung nicht viel weiter gekommen. Die Normung der Fabrikatteile hatte zwangsmäßig eine Vereinheitlichung der Liefervorschriften für die Werkstoffe und diese wiederum die Einführung einheitlicher Prüfverfahren für diese Werkstoffe zur Folge. Es ist nur natürlich, daß sich der Werkstoffverbraucher und der Konstrukteur der in den Normen niedergelegten Maßstäbe zunehmend bedienten. So steigt nach 1917 bis etwa 1935 der Umfang der Materialprüfung erheblich rascher an.

Von 1917 bis 1935 hat sich der Umfang der Materialprüfung versiebenfacht, aber 1935 wurde immerhin nur etwa 1/7 von heute geprüft.

Seit Mitte der dreißiger Jahre bedienen sich dann auch die staatlichen und kommunalen Behörden, um ihre gewerbe- und baupolizeilichen sowie auch ihre staatspolitischen Aufgaben durchführen zu können, der Materialprüfung, wenn auch nicht immer direkt, so doch indirekt über Vorschriften zum Nachweis der Erfüllung bestimmter Forderungen. Dazu kommt, daß nach 1945 besonders in den vom Krieg betroffenen Ländern die Bautätigkeit in einem bis dahin nicht vorstellbaren Ausmaß einsetzte. Da die Bautätigkeit überall in außerordentlichem Umfange von öffentlichen Mitteln bestritten wird, ist das Interesse an einwandfreien Baustoffen und Bauausführungen bei der staatlichen Bauaufsicht naturgemäß besonders groß. Um die entsprechenden Erlasse der Bauaufsicht reibungslos durchführen zu können, sind allein in Nordrhein-Westfalen etwa 40 Stellen für die Durchführung der verlangten Baustoffprüfungen von der Bauaufsicht eingesetzt.

Weiter beginnen nach dem zweiten Weltkrieg, in Deutschland nach 1948, außerordentlich rasche Entwicklungen alter und neuer Industrien, und es wurden dementsprechend riesige Investitionen vorgenommen. Die zukünftige Entwicklung wird eine stark steigende Tendenz aufweisen. Nach sorgfältig begründeten Schätzungen der Stahlproduktion bis 1980 ist beispielsweise mit einer Steigerung auf das dreifache der heutigen Produktion zu rechnen. Das dürfte auch für die Materialprüfung auf dem Sektor Eisen und Stahl mindestens eine Steigerung des Arbeitsvolumens auf das dreifache zur Folge haben. Auf den anderen Gebieten der Erzeugung von Werkstoffen und Hilfsstoffen steht die Materialprüfung vielfach erst am Anfang, so daß dort eine erheblich höhere Zunahme des Arbeitsvolumens erwartet werden muß. Auf dem Gebiet der Kunststoffe übertrifft die prozentuale Zunahme der Erzeugung bei weitem die der Stahlerzeugung. Unter Zugrundelegung der letzten Jahre kann man mit einer jährlichen Zuwachsrate von über 14 % rechnen. Die mittlere jährliche Zuwachsrate der Elektrizitätserzeugung beträgt zur Zeit in der Welt rd. 8 % und in der Bundesrepublik rd. 7 %, die Zuwachsrate der Kraftwagenproduktion in der Bundesrepublik rd. 16 %. Die Zuwachsrate des Prüfumfanges der Materialprüfung, hier als kennzeichnend für ihre wirtschaftliche Bedeutung, steht dahinter nicht zurück; sie beträgt schätzungsweise mindestens 8 %. Von Automation und Atomtechnik soll in diesem Zusammenhang noch gar nicht gesprochen werden.

II

Es liegt nun die Frage nahe: Wo wird geprüft? Sehen wir davon ab, daß Prüfmethoden auch im Rahmen von Forschungsarbeiten auf allen möglichen naturwissenschaftlichen Gebieten eingesetzt werden, und beschränken wir uns auf solche Prüfungen, die aus wirtschaftlichen Gründen erforderlich sind.

Es ist selbstverständlich, daß sich Erzeuger, Verarbeiter und Verbraucher für die Qualität der Werkstoffe und der Hilfsstoffe gleichermaßen interessieren, um sicher zu sein, daß sie kein fehlerhaftes oder ungeeignetes Material herstellen, verarbeiten oder verbrauchen. Alle drei Wirtschaftsgruppen können die Materialprüfung selbst durchführen, soweit sie wirtschaftlich dazu in der Lage sind. Da für die moderne Materialprüfung aber kostspielige Geräte und Spezialerfahrungen erforderlich sind, können sich nur verhältnismäßig wenige Firmen, meistens auch nur in beschränktem Umfang, eigene Materialprüfungslaboratorien erlauben. Dementsprechend ist die Materialprüfung auf verhältnismäßig wenige Stellen beschränkt, nämlich auf

a) *Private Institutionen*
   Laboratorien und Versuchsanstalten großer Erzeuger- und Verarbeiter-Firmen,
   Institute von Wirtschafts- und Fachverbänden,
   Laboratorien von vereidigten Sachverständigen.

b) *Öffentliche Institutionen*
   Kommunale Institute,
   Laboratorien von Ingenieur- und Bauschulen,
   Hochschulinstitute,
   Forschungsinstitute,
   Materialprüfungsämter.

Die privaten Institutionen haben sich selbstverständlich nach den Interessen ihrer Firmen oder ihrer Verbände zu richten. Sie betreiben Materialprüfung im Rahmen von Entwicklungsaufgaben auf ihren speziellen Fachgebieten, zur Produktionskontrolle, für den Absatz ihrer Produkte und für die Bearbeitung von Reklamationen und Auseinandersetzungen mit Lieferanten und Kunden. Es kann nun billigerweise nicht immer verlangt werden, daß im Entscheidungsfalle eine Firma von dem eigenen Institut ins Unrecht gesetzt wird. Dementsprechend und insbesondere bei gerichtlichen Auseinandersetzungen ist man geneigt, solche Institute, die an der Prüfung kein wirtschaftliches Interesse haben, vorzuziehen. Man könnte sich in entscheidenden Fällen auch eines vereidigten Sachverständigen bedienen. Diesem wiederum fehlen jedoch meistens die technischen Apparaturen für die Durchführung größerer Untersuchungen. Es bleiben mithin die Institute, die von großen Städten oder vom Staat unterhalten werden. Aber auch hier ist wohl zu unterscheiden, ob sie besondere Interessen vertreten, wie die kommunalen Institute etwa bei eigenen Bauvorhaben der Gemeinden, oder ob sie völlig neutral sind. Entsprechend der Entwicklung der Aufgabenbereiche besteht in der Materialprüfung eine starke Tendenz zur Universalität, die zu den ausgesprochenen Materialprüfungsämtern und in gewissem Umfange auch zu entsprechenden Materialprüfungsanstalten an Technischen Hochschulen geführt hat, wenn diese einen gewissen Mindestumfang erlangt und sich bereits zu selbständigen Organisationsformen entwickelt haben. Diese letztgenannten Anstalten stellen Vorstufen der Entwicklung zu den reinen Materialprüfungsämtern dar. Damit verlieren diese Anstalten natürlich allmählich mehr oder weniger den Charakter von Hochschulinstituten. Es soll aber durchaus nicht mit Bestimmtheit gesagt sein, daß in Zukunft diese Tendenz zur Universalität immer bleiben wird und bei der raschen Ausweitung der Technik nicht schließlich eine Spezialisierung rationeller ist. Entsprechende Organisationsformen, wie der organisatorische Zusammenschluß von mehreren Hochschulinstituten verschiedener Fachgebiete gibt es heute schon.

Die großen Institute müssen mit den modernsten, nach wissenschaftlichen Grundsätzen arbeitenden Geräten ausgestattet sein. Das Personal muß mit dem wissenschaftlichen Stand der Erkenntnisse und den wissenschaftlichen Arbeitsmethoden auf dem jeweiligen Fachgebiet vertraut sein und praktische Erfahrungen besitzen. Die Erfüllung dieser Forderungen verlangt selbstverständlich den Einsatz ganz erheblicher Geldmittel, um so mehr, je größer die Zahl der anzuwendenden Prüfverfahren ist.

III

Ich möchte die Prüfverfahren in drei Kategorien einteilen, wobei ich die chemische Analyse der Stoffe und die Bestimmung eindeutiger physikalischer Größen, wie der elektrischen Leitfähigkeit, Wärmeleitfähigkeit, magnetischer Eigenschaften usw. hier außer acht lassen darf. Diese drei Kategorien sind:

a) Prüfverfahren zur Ermittlung von Kennwerten der Stoffe vor Anwendung dieser Stoffe bzw. bei der Untersuchung von Schadensfällen auch nach Gebrauch der Stoffe,

b) Prüfverfahren zur Beurteilung der Beschaffenheit der Stoffe in angewandtem Zustand, also beispielsweise im fertigen Bauteil (zerstörungsfreie Prüfung),
c) Prüfverfahren, bei denen die Stoffe der praktischen Beanspruchung ausgesetzt sind.

Die Grundlage der Materialprüfung bilden nach wie vor die Prüfungen der erstgenannten Kategorie, und hier in erster Linie die klassischen mechanischen Prüfungen.

Zunächst begnügte man sich zur Beurteilung der metallischen Werkstoffe mit einem *Faltversuch*. Beim Faltversuch wird ein blechförmiger Streifen des Werkstoffes zusammengefaltet. Für die Beurteilung ist entscheidend das Auftreten von Rissen. Bei spröden Baustoffen wurde der *Druckversuch* angewendet, wobei ein Würfel oder ein Zylinder aus dem zu beurteilenden Stoff bis zum Bruch zusammengedrückt wurde. Die Differenzierung der Stoffe war mit so einfachen Versuchen noch verhältnismäßig begrenzt. Bei der Untersuchung von Stahlteilen alter Brücken aus dem vorigen Jahrhundert, die ganz oder noch zum Teil aus Puddelstahl hergestellt waren, ist man erstaunt über die großen Unterschiede in den Festigkeitseigenschaften, die damals aber alle mit der Faltprobe überdeckt waren.

Eine sehr eingehende Unterscheidungsmöglichkeit bot dann für metallische Stoffe erst der *Zerreißversuch* oder Zugversuch. Es wird dabei ein zylindrischer, prismatischer oder flachrechteckiger Stab in achsialer Richtung gezogen. Die Zugbeanspruchung wird langsam erhöht, bis der Stab zerreißt. Für spröde Stoffe wie Gußeisen oder auch für Baustoffe wurde weiter der *Biege-* oder *Zugbiegeversuch* entwickelt. Ein runder, quadratischer oder rechteckiger Stab, auf zwei Stützen gelagert, wird durch einen Druckstempel in der Mitte der Stützweite durchgebogen. Hierzu kam noch der *Verdreh-* oder *Torsionsversuch.*

Diese Prüfungen stellen einmalige und verhältnismäßig langsame Beanspruchungen bei normaler Raumtemperatur dar. Bald zeigte sich aber, daß höhere Beanspruchungsgeschwindigkeit, Beanspruchungswechsel und hohe Prüftemperaturen ganz erhebliche Abweichungen gegenüber den Prüfungen bei langsamer und einsinniger Beanspruchung bei Raumtemperatur ergeben.

Der Biegeversuch ermöglichte die Entwicklung zu höheren Beanspruchungsgeschwindigkeiten, es entstand der Schlagbiegeversuch. Zur Verschärfung der Prüfbedingungen wurde der Biegestab noch gekerbt. So entstand der *Kerbschlagbiegeversuch* und die Werkstoffeigenschaft *Kerbschlagbiegefestigkeit.* Diese war nun ganz und gar nicht mehr eine eindeutig definierbare Eigenschaft. Eine riesige Literatur hat sich mit ihrer Problematik befaßt.

Durch Untersuchungen wurde schon in der zweiten Hälfte des vorigen Jahrhunderts von *Wöhler* erkannt, daß nicht nur die im Zugversuch festgestellten Beanspruchungsverhältnisse im Maschinenbau und bei Baukonstruktionen auftreten, sondern auch wechselnde Beanspruchungen, und daß diese Beanspruchungen größere Anstrengungen für den Werkstoff bedeuten als ruhende oder einsinnig wirkende. Man führte den *Dauerschwingungsversuch, Dauerwechselversuch* oder den *Dauerversuch* ein.

Schließlich ergab sich durch die Praxis des Ingenieurs, insbesondere im Kesselbau und chemischen Apparatebau, daß die Zugfestigkeit bei Raumtemperatur zur Beurteilung des Verhaltens des Werkstoffes bei den hohen Betriebstemperaturen völlig unbrauchbar ist. Auch die Zugfestigkeit, erhalten aus einem Zugversuch bei hoher Temperatur, war nicht brauchbar. Es entwickelten sich *Zeitstandversuche,* die eine Aussage darüber machen, wie hoch belastet werden darf, ohne daß im Laufe der Zeit unzulässig große Verformungen auftreten.

Damit wäre ein Überblick über die *klassischen* Prüfverfahren gegeben, die heute und wohl auch immer neben der chemischen Analyse die Grundlage der Materialprüfung bilden.

Mit der Angabe bestimmter Zahlenwerte als Ergebnis der mechanischen Prüfung nach den genannten Verfahren wird nicht oder nicht unbedingt eine Quantität dargestellt, sondern eine Qualität. Das wird oftmals nicht genügend beachtet, wenn zu hohe Anforderungen an die Genauigkeit der Prüfmaschine gestellt werden oder wenn zu enge Toleranzgrenzen für irgendwelche Eigenschaften verlangt oder angeboten werden. Die Zugfestigkeiten der in den heutigen Produktionsverfahren herstellbaren Stähle reichen etwa von 30 kg/mm^2 bis 250 kg/mm^2, die Streckgrenzen von 25 bis 250 kg/mm^2, die Dehnungen und Einschnürungen entsprechend umgekehrt von über 100 bis 5 % bzw. von 100 bis 20 % bei Kerbschlagzähigkeiten von 0 bis 30 mkg/cm^2. Es läge nun für den Ingenieur nahe, entsprechend seiner Konstruktionsberechnung einfach einen Stahl mit einer bestimmten Festigkeit aus diesen Bereichen zu verlangen. Das ist aber nicht möglich, da die verschiedenen Eigenschaften unter sich wieder in funktionalen Zusammenhängen stehen, deren Gesetze gar nicht oder nur sehr unvollkommen bekannt sind. So nimmt beispielsweise mit steigender Zugfestigkeit im allgemeinen Dehnung und Einschnürung ab. Zweitens wäre für eine solche Auswahl von Stählen mit bestimmten Kennwerten eine weitgehende Sortierung aus den verschiedensten Schmelzen notwendig. Die Stähle werden nämlich bei der Erschmelzung auf bestimmte Analysen eingestellt. Zwei Stähle mit genau gleicher Zusammensetzung haben aber keineswegs die gleichen mechanischen Eigenschaften. Es ergeben sich Unterschiede durch Schwankungen der Gießtemperatur und der Abkühlungsbedingungen. Unterschiede sind ferner bedingt durch die in gewissem Grade unsichere Zusammensetzung der Ausgangsstoffe, des Roheisens, des Schrotts, der Zuschläge usw. Somit kann der Verbraucher, wenn er Stahl zu einem wirtschaftlich vertretbaren Preis haben will, nur mit einem mehr oder weniger engen Analysenbereich bzw. einem mehr oder weniger engen Bereich bestimmter mechanischer Eigenschaften zufriedengestellt werden, eben mit einer Qualität, der Sorte oder der Marke. Die zulässige Schwankungsbreite in der Analyse und den mechanischen Eigenschaften wird durch Erfahrung oder statistische Untersuchungen bestimmt. Diese Ausführungen gelten sinngemäß auch für Nichteisenmetalle. Eine Vorstellung von der Mannigfaltigkeit im Bereich der Stahl- und Metalllegierung gibt vielleicht der Hinweis, daß in einer amerikanischen Zusammenstellung (Engineering Alloys) rd. 12500 Marken aufgeführt sind. Ähnliche Feststellungen lassen sich auch für andere Stoffe machen. Ein Kunststofftaschenbuch gibt bereits 1955 2057 Handelsmarken für Kunststoffe an.

Diese Mannigfaltigkeit wird erheblich eingeschränkt durch die Normung in Normblättern, Lieferbedingungen und dergleichen. Die Toleranzen, beziehungsweise die Genauigkeitsforderungen in diesen Vorschriften werden mit Rücksicht auf die technischen Möglichkeiten bei der Produktion der Stoffe, mit Rücksicht auf die Verwendbarkeit der Kennwerte bei der Beurteilung des Verhaltens der Stoffe beim Gebrauch und mit Rücksicht auf die Wirtschaftlichkeit festgesetzt. Der Materialprüfer wird oft vor die Aufgabe gestellt, einen Stoff zu identifizieren und ihn dann in eine solche genormte Qualität einzuordnen. Die Materialprüfer und insbesondere die Materialprüfungsämter sind deshalb begreiflicherweise bei der Normungsarbeit ganz erheblich beteiligt. Sie haben insbesondere dafür Sorge zu tragen, daß auch die Voraussetzungen für eine einheitliche Bewertung der Prüfergebnisse gesichert sind, d. h. daß die Prüfungsverfahren einheitlich durchgeführt werden und daß die Prüfgeräte an den verschiedenen Stellen keine Unterschiede bei der Messung aufweisen.

Diese Tätigkeit erfolgt zumeist in Anlehnung oder auch auf Veranlassung der betreffenden Normenausschüsse, insbesondere des Fachnormenausschusses Materialprüfung des Deutschen Normenausschusses sowie der entsprechenden ausländischen und übernationalen Organisationen. Welche Bedeutung dieser Aufgabe zukommt, läßt sich vielleicht am besten durch den Hinweis auf den Umfang der speziell für die Materialprüfung geschaffenen Normungsorganisation darlegen. Der *Fachnormenausschuß Materialprüfung* im Deutschen Normenausschuß bearbeitete 1958 in sieben selbständigen Arbeitsausschüssen die Prüfverfahren auf dem Gebiet der metallischen Stoffe, in 23 Ausschüssen die Prüfverfahren für nichtmetallische anorganische Stoffe (Baustoffe), in 35 Ausschüssen die Prüfverfahren für organische Stoffe und in 31 Ausschüssen Sonderprüfverfahren, wobei zu berücksichtigen ist, daß Lieferbedingungen, Fragen der Gütesicherung und zahlreiche Prüfverfahren auf Spezialgebieten (beispielsweise Farben, Mineralöl, Kunststoffe) noch in zahlreichen Arbeitsausschüssen von weiteren 32 großen Fachnormenausschüssen behandelt werden.

IV

Eine Beurteilung des aus der Prüfung erhaltenen Kennwertes hat natürlich zur Voraussetzung die Kenntnis vom Verhalten des Stoffes bei der Beanspruchung im praktischen Betrieb. Die Schilderung der Bemühungen um diese Zusammenhänge wäre die Schilderung einer 400jährigen Entwicklung der Elastizitäts-, der Festigkeitslehre und der Festkörperphysik. Um 1500 stellte Leonardo da Vinci die ersten intuitiven Betrachtungen über Druck-, Biege- und Knickfestigkeit an. Galilei um 1600 kann als erster Begründer einer Festigkeitslehre mit seiner Untersuchung des Bruchvorganges in einem auf Biegung beanspruchten Balken betrachtet werden. 1678 fand *Hooke*, daß zwischen der Spannung und Dehnung bei gezogenen Drähten und Federn Proportionalität besteht. Damit war es den Mathematikern möglich, die Berechnung von Spannungsverhältnissen in einfachen Körpern bei der Beanspruchung in Angriff zu nehmen. Die Feststellung von *Hooke* wurde 1807 mit der Definition des Elastizitätsmoduls von *Young* mit zur wichtigsten Grundlage der mathematischen Elastizitätslehre und ihrer weiteren Entwicklungen, insbesondere nachdem *Cauchy* 1822 den Begriff des Spannungszustandes in einem Punkte des festen Körpers geschaffen hatte. In dieser Zeit außerordentlich lebhafter Forschungstätigkeit begann etwa ab 1850 die praktische Erforschung der Werkstoffe selbst und die moderne Materialprüfung, gekennzeichnet durch die Namen *Wöhler*, *Bauschinger* und *Bach*. Seit dieser Zeit beobachtet man eine starke Verflechtung von Praxis und Wissenschaft und einen sehr intensiven Austausch von Erfahrungen und Erkenntnissen zwischen der Materialprüfung und allen möglichen wissenschaftlichen Arbeitsgebieten. Wenige Beispiele aus unserer Zeit mögen das erläutern, wobei man sich wieder auf das Gebiet der mechanischen Prüfungen beschränken kann.

Schon frühzeitig haben sich die Wissenschaftler für den Zugversuch interessiert, und zwar für den gradlinigen Zusammenhang zwischen Belastung und Längung, also für das Hookesche Gesetz, für den Elastizitätsmodul. Unter der Voraussetzung der Gültigkeit dieses Gesetzes war es erst möglich, Spannungen in einem beanspruchten Bauteil zu berechnen. Dieser große Vorteil kennzeichnet die immer wieder anzutreffenden Bemühungen, etwa Abweichungen von der Geradlinigkeit, die Gültigkeitsgrenzen, überhaupt das Wesen des E-Moduls festzulegen und zu ergründen. Ich möchte hinweisen auf die zahlreichen Untersuchungen über den schwer eindeutig bestimmbaren E-Modul bei Gußeisen. Ferner auf die Untersuchungen über die Zusammenhänge mit der Struktur des Metalles, wobei selbstverständlich auch die Querzusammenziehung mit der Längsdehnung des Prüfstabes beim Zugversuch mit einbegriffen wird (Poissonsche Zahl). Wir können uns noch keineswegs rühmen, alles Wissenswerte und praktisch Wichtige erkannt und gefunden zu haben.

Ich möchte, um die Wichtigkeit einer genauen Kenntnis der Hookeschen Gerade hervorzuheben, nur auf eine Schwierigkeit hinweisen, nämlich große Kräfte mit einem für viele technische Zwecke erforderlichen großen Genauigkeitsgrad zu messen. Wenn die Hookesche Gerade an einem dünnen Stahlstab einmal festgestellt ist, kann man diesen Stab als Kraftnormal verwenden. Wenn sie nun für ein und denselben Stahl eine charakteristische ist, müßte ein dickerer Stab die gleiche Hookesche Gerade ergeben wie der dünne Stab. Mit dem dickeren Stab könnte man aber erheblich größere Kräfte messen. Diese Gleichsetzung bei Stäben sehr verschiedener Dicke aus dem gleichen Material ist aber außerordentlich problematisch. Solange das der Fall ist, kann man mithin nur einen wirklich durchgemessenen Stab als Kraftnormal verwenden. Einwandfrei messen kann man zur Zeit nur mit direkter Gewichtsbelastung. Eine solche Einrichtung bis 100 t ist bei der Physikalisch-Technischen Bundesanstalt vorhanden. Allenfalls kann man auch besonders sorgfältig konstruierte Zug- bzw. Druckprüfmaschinen benutzen. Die Bundesrepublik besitzt erst bis 300 t Zug und 600 t Druck solche ausreichend genaue Maschinen, somit auch nur Kraftnormalien bis zu dieser Höhe. Diese sehr kostspieligen Maschinen wurden auf Initiative meines Amtes zunächst mit Mitteln des Forschungsfonds des Wirtschaftsministeriums beschafft, dann aus organisatorischen Gründen vom Bund übernommen und bei der Physikalisch-Technischen Bundesanstalt aufgestellt. Die sich aus der Sicherung der Krafteinheit ergebenden Verpflichtungen überschreiten die einem Land zumutbare Leistung. Die genannten Maschinen erfüllen nämlich heute schon nicht mehr alle Wünsche. Es zeigt sich dringend das Bedürfnis nach der Verfügbarkeit einwandfreier Kraftnormale für 1000 t Zug und mehr, wobei in Deutschland Genauigkeitsgrade von 0,05 % und weniger verlangt werden. Eine entsprechende Zugmaschine mit 1500 t Belastbarkeit, also für die Herstellung von Kraftnormalen bis 1500 t ist eine Versuchsapparatur, deren Beschaffungspreis sich ohne Nebenkosten auf über 1 Mill. DM beläuft. Ich möchte hier bemerken, daß die Amerikaner sich in diesen Bereichen noch mit Behelfslösungen begnügen. Im Hinblick auf die Anlage der Physikalisch-Technischen Bundesanstalt kann man also auch einmal feststellen, daß wir hinter den Amerikanern nicht zurückstehen. Interessant ist, daß in Deutschland die Notwendigkeit solcher Geräte im wesentlichen mit der Verpflichtung des Staates begründet wird, für die Genauigkeit der in der Industrie befindlichen Prüfmaschinen zu sorgen, wie der Staat auch für die Genauigkeit von Waagen und Gewichten Sorge trägt. Die Amerikaner führen aber außerdem ganz besonders andere Gründe ins Feld, nämlich daß sie in den letzten fünf Jahren in eine Entwicklungsphase für Schubkräfte zu Antriebszwecken eingetreten seien, die alles bisherige übertreffen und durchaus über die Kraft von 1 000 000 lb. in neueren Antriebssystemen hinausgehen. Für die Einstellung der für die Erreichung bestimmter Ziele erforderlichen Anfangs-Schubkräfte sollen alle bisher, auch bei kleineren Kraftnormalen möglichen Genauigkeitsgrade völlig unzureichend sein, deshalb wünscht das Bureau of Standards bei 500 t 0,1 % Genauigkeit. Man plant beim Bureau of Standards eine Einrichtung für direkte Belastung mit 400 t. Wenn wir uns in Deutschland mit diesen Spitzenaufgaben auch nicht oder noch nicht zu befassen haben, so wird doch nicht nur in der Materialprüfung selbst, sondern auch in steigendem Maße in der übrigen Technik die Verfügbarkeit über geeignete, sehr genaue Kraftnormalien immer dringender.

Weitere Ausgangspunkte für rein wissenschaftliche Forschungen bilden u. a. die Feststellung der Streckgrenze beim Zugversuch, die Erscheinung der Verfestigung im weiteren Verlauf der Kraftverlängerungskurve und die Ausbildung des Bruches von Metallen. Die außerordentlich zahlreichen wissenschaftlichen Arbeiten über diese Erscheinungen reichen bis in die modernste Metallphysik und bilden sogar einen wesentlichen Bereich dieser Wissenschaft.

Die Zugversuche werden in der praktischen Materialprüfung auch bei höheren Temperaturen durchgeführt. Es wurde bei verschiedenen Stählen festgestellt, daß Festigkeit und Streckgrenze bis in den Bereich der Temperaturen um 300° mehr oder weniger ansteigen, um dann erst mit der Temperatur abzusinken, wie man es schon von Raumtemperatur ab erwarten sollte. Die moderne Metallphysik nahm sich dieses Problems an und zeigte, daß während des doch immerhin wenige Minuten dauernden Zugversuches eine Änderung in der Struktur des Werkstoffes erfolgt, indem nämlich Stickstoff, Kohlenstoff- oder Wasserstoffatome aus der nächsten Nachbarschaft der kristallographischen Ebenen, die bei der Beanspruchung oberhalb der Streckgrenze durch die Zugbeanspruchung zum Gleiten gezwungen werden, in diese Ebenen wandern und dort eine Art Blockierung (Verfestigung) bewirken. Diese Verfestigung erfolgt wegen der außerordentlich kurzen Wege, die die genannten Atome zurückzulegen haben, so rasch, daß sie auch bei Wechselbeanspruchungen, wobei Belastungszeiten von weniger als $^1/_{100}$ Sekunde auftreten, beobachtet werden.

Mit dieser Erscheinung hängt auch das Problem der Alterung zusammen, mit dem sich die Materialprüfung vor allem unter Verwendung der Kerbschlagbiegeprobe zu befassen hatte, und um deren Klärung sich schon seit Jahrzehnten die Materialprüfer selbst bemühten. Heute aber wird auch dies Problem von der Metallphysik in Angriff genommen.

Solche Forschungen sind also durch Beobachtungen bei der Materialprüfung angeregt und geben wiederum dem Materialprüfer wichtige Hinweise für die Lösung seiner praktischen Aufgaben an die Hand.

Ein weiteres Beispiel für die Beziehungen zwischen Praxis und Wissenschaft in der Materialprüfung ist folgendes: Die Werkstoffe werden im Betrieb vielfach nicht wie im normalen Zugversuch kurzzeitig beansprucht, sondern dauernd oder mindestens für längere Zeit (Spanndrähte, Spannbetondrähte) und auch bei höheren Temperaturen (Kesselbauteile, chemische Apparate). Schon bei der kurzzeitigen Beanspruchung im Zugversuch ergeben sich selbst unterhalb der Streckgrenze Dehnungen, die nach der Entlastung nicht ganz wieder zurückgehen (bleibende Dehnungen). Es lag also für den Materialprüfer nahe, den Zugversuch insbesondere bei höheren Temperaturen entsprechend abzuändern und nicht mehr die Zugfestigkeit festzustellen, sondern die Belastung, die nach einer bestimmten Dauer eine bestimmte Grenzdehnung ergibt, welche bei der betrieblichen Inanspruchnahme des Werkstückes (Kesselblech) gerade noch tragbar ist. Zunächst stellt man fest, daß in einem niedrigen Bereich der Zugbeanspruchung ein anfängliches Dehnen zur Ruhe kommt, daß in einem Bereich höherer Beanspruchung die Dehnung mit konstanter Geschwindigkeit zunimmt und daß schließlich bei sehr hoher Beanspruchung die Dehngeschwindigkeit laufend ansteigt, so daß schon nach kurzer Zeit der Stab zu Bruch geht. Der Materialprüfer glaubte nun noch Anfang der 30er Jahre, in der sogenannten *Dauerstandsfestigkeit* diejenige Beanspruchung, die nach verhältnismäßig kurzer Zeit eine mittlere Dehngeschwindigkeit von 1/1000 % pro Stunde ergibt, einen Kennwert zu besitzen, der eine genügend sichere Extrapolation auf die natürlich wesentlich längere Beanspruchungsdauer im Betrieb gestatte. Man hatte sich geirrt; denn wie die Wissenschaft zeigte, treten bei vielen Stählen Strukturumwandlungen über 450 ° ein, die die Festigkeitseigenschaften völlig verändern können, und zwar erst nach über tausendstündigen Belastungen. Man gelangte zum 1000-Stundenversuch und, da diese Zeit noch nicht ausreichte, zum 10 000-Stundenversuch und sogar zum 100 000-Stundenversuch. D. h. die Versuche würden dauern rd. 1 Monat 12 Tage, 1 Jahr 2 Monate oder 11 Jahre 5 Monate. Für die Materialprüfung, die ihrem Wesen nach verhältnismäßig rasche Entscheidungen treffen muß, ist nur der 1000-Stundenversuch diskutabel. Der 10 000- und der 100 000-Stundenversuch gehören zum Bereich der Wissenschaft. Man kann sich nun vorstellen, daß die Wissenschaft im Interesse der praktischen Materialprüfung alle Anstrengungen gemacht hat und noch macht, die Gesetzmäßigkeit der langzeitigen Belastungs-Dehnungskurven festzustellen, um die Sicherheit der Extrapolation aus relativ kurzen Versuchszeiten zu erhöhen. Voraussetzung hierfür ist die Deutung der im Stahl bei der langen Glühdauer zu beobachtenden Erscheinungen durch die Metallphysik oder Metallkunde (Ausscheidung, Anlaßsprödigkeit).

Ein weiteres Beispiel: Bei Konstruktionsteilen aus Stahl beobachtete man vielfach ein Zubruchgehen ohne vorherige Verformung, während nach dem Ergebnis des Zugversuches oder des Kerbschlagbiegeversuchs eine Verformung zu erwarten gewesen wäre. Da der verformungslose Bruch ohne vorherige Anzeichen eintritt, ist er im Stahl- und Maschinenbau sehr unangenehm und gefürchtet. Die Erörterung dieses Problems, obwohl es so alt wie die moderne Werkstoffprüfung ist, begann erst um 1936, als einige Schadensfälle an Brücken mit geschweißten Vollwandträgern auftraten. Die Erscheinung war bis dahin nicht von so ausgesprochenem Allgemeininteresse gewesen, wie hier, wo es sich um die Sicherheit von Brücken für den öffentlichen Verkehr handelte, die nach allgemeiner Ansicht hundertprozentig gewährleistet sein sollte. Durch die Kriegsereignisse traten die Bemühungen um die Klärung der Erscheinung des verformungslosen Bruches, auch Sprödbruch genannt, in Deutschland wieder in den Hintergrund, nachdem hier durch die von solchen Untersuchungen angeregte Entwicklung einer neuen Stahlart (Feinkornstahl) eine gewisse Abhilfe geschaffen worden war. Dagegen wurden in den Vereinigten Staaten von Amerika entsprechende Untersuchungen zeitweise zu den wichtigsten der Werkstoffkunde und Materialprüfung überhaupt, als nämlich eine außerordentlich große Zahl von Schadensfällen an vollgeschweißten Schiffen in Form von Sprödbrüchen auftrat. Von rund 5000 geschweißten Handelsschiffen, die während des Krieges von November 1942 bis April 1946 in den USA gebaut und in Dienst gestellt waren, wurde innerhalb einer etwa dreijährigen Betriebsdauer rd. ein Fünftel infolge von Rissen verschiedenen Ausmaßes beschädigt. Von den Schäden waren 127 schwerwiegend. Bis 1951 war die Zahl der schwerbeschädigten Schiffe auf rd. 200 gestiegen, wobei 8 Tanker und 3 Liberty-Schiffe völlig entzwei gebrochen waren. Dazu mußten vier Frachter wegen der schweren Schäden verlassen oder versenkt werden. Infolge dieser Schäden wurde in den USA mit dem Aufwand ganz erheblicher Mittel (bis 1948: 120 Mill. Dollar) das Problem von einer großen Zahl staatlicher und privater Institute in Angriff genommen mit dem Ergebnis, daß eine fast unübersehbare Zahl von Versuchsvorschlägen zur Feststellung der Sprödbruchempfindlichkeit von Stahl gemacht wurde, ohne daß jedoch völlige Klärung erzielt wurde. Dutzende von Prüfverfahren zur Nachahmung des Sprödbruches wurden vorgeschlagen.

Bei den Untersuchungen der deutschen und amerikanischen Schadensfälle war man bemüht, die Ursache durch statistische Ordnung der Faktoren zu ermitteln. Die chemische Zusammensetzung der Stähle hatte kaum merklichen Einfluß. Aus der Lage der Streckgrenze oder der Festigkeit ergab sich kein Hinweis auf das Verhalten. Die Kerbschlagbiegeprüfung ergab zwar eine gewisse Parallele zwischen den Kerbschlagbiegewerten und den Rissen, aber die Streubereiche der Prüfergebnisse waren so beträchtlich und überlagerten sich derart, daß auch hiermit keine völlig befriedigende Erklärung gefunden werden konnte.

Man kam schließlich zu der Überzeugung, daß nicht nur die Werkstoffeigenschaften, sondern ganz besonders die Lage der Platten in der Konstrukstruktion und die lokale Beanspruchung des Werkstoffes in einem komplizierten Spannungsfeld eine Rolle gespielt haben. Durch konstruktive Veränderungen wurden die Schwierigkeiten dann auch ganz erheblich verringert.

Schließlich hat sich die Metallphysik der Frage angenommen, und zwar ausgehend von alten, mehr theoretischen Vorstellungen *(Polanyi, Griffith)* unter Verwendung der modernsten Erkenntnisse der Festkörperphysik (Versetzungstheorie). Damit haben sich inzwischen neue Gesichtspunkte ergeben, die hoffen lassen, daß der Wirrwarr der Vorstellungen des Technikers und des Materialprüfers durch klare Begriffe und eindeutige Prüfungen abgelöst werden wird. O. *Mohr,* der sich um 1900 erstmalig wissenschaftlich mit der Bruchgefahr befaßte, hielt die Festigkeit noch für zu komplex für eine wissenschaftliche Forschung. *Orowan,* einer der bekanntesten Fachleute auf diesem Gebiet, meinte aber 1946, daß diesem pessimistischen Ignorabimus heute nicht mehr ernsthaft zugestimmt werden könne. Tatsächlich schreitet man stetig vorwärts zu exakten Erklärungen der Bruchvorgänge, wenn auch zugegeben werden muß, daß damit angesichts der außerordentlich vielen Faktoren beim Vorgang des Bruches im praktischen Betrieb noch lange Zeit eine uneingeschränkte Vorhersage nicht möglich ist.

Ein weiteres hervorragendes Beispiel einer solchen Kette gegenseitiger Befruchtung von Wissenschaft und Praxis über die Materialprüfung als Vermittlerin ist die Geschichte der Dauerschwingungs- oder Dauerfestigkeitsprüfung. Der Name *A. Wöhler* ist allen Maschinenbauern geläufig. Er lebte von 1819 bis 1914 und war ab 1847 23 Jahre lang als Praktiker auf dem Gebiete des Eisenbahnwesens tätig. Im Bereich seiner Gesellschaft traten damals häufig Achsbrüche an den Eisenbahnwagen auf, eine Erscheinung, die schon vorher in Frankreich an Achsen von Postkutschen beobachtet war, ohne daß man jedoch eine andere Abhilfe als die rechtzeitige Aussonderung kannte. Bereits 1839 erwähnte *Poncelet* diese Erscheinung und verwendete wohl erstmalig dafür den Ausdruck „Ermüdung" (fatigue).

Um die Ursache dieser Bruchererscheinung zu ergründen, nahm Wöhler damals schon systematische Untersuchungen vor. Er konstruierte die erste Dauerschwingmaschine. Zuerst prüfte er Achsen mit 95 mm bis rd. 125 mm Durchmesser bei 15 U/min., dann Stäbe von 38 mm mit 27 U/min. Für die exakte Feststellung der Dauerschwingungsfestigkeit sind aber 5 bis 10 Millionen Lastwechsel erforderlich, d. h. sie dauerte mit den Maschinen von Wöhler mindestens $^{3}/_{4}$ Jahr. Es ist erstaunlich, wie Wöhler mit seinen langsam laufenden Maschinen zu grundlegenden, heute noch gültigen Erkenntnissen gelangte. Heute laufen nach unseren Begriffen langsame Pulsatoren mit etwa 500 Umdrehungen, die üblichen Umlaufbiegemaschinen mit 3000 U/min., die modernen Hochfrequenzmaschinen mit 10 000 Schwingungen und mehr.

Der Materialprüfer Wöhler war wegen der langen Zeitdauer der Versuche natürlich unbefriedigt und stellte deshalb Überlegungen darüber an, ob und welche Beziehungen zwischen den Dauerfestigkeitswerten und den leichter und schneller statisch zu ermittelnden mechanischen Eigenschaften bestehen. Das war wieder echte Forschung. Obwohl wir mit den modernen Prüfmaschinen sehr viel rascher zu Ergebnissen kommen, müssen wir heute gestehen, daß wir über statistische Zusammenhänge, verschieden nach Stahlsorten, Stahlbehandlungen u. dgl. auch noch nicht hinausgelangt sind.

Nun ist allerdings nach Wöhler die Entwicklung bald wieder recht zögernd verlaufen, um nicht zu sagen, daß die Versuche von Wöhler mehr oder weniger in Vergessenheit gerieten. Erst zu Beginn der zwanziger Jahre setzte mit einer sehr breiten Einführung dieser Prüfverfahren in die Werkstoffprüfung auch die Forschung mit den modernen Geräten ein. Auch die Beobachtungen des Materialprüfers bei der Dauerschwingungsbeanspruchung, insbesondere der Dauerbruch selbst und die Schädigung vor dem Eintritt des Bruches, sind heute Gegenstand der metallphysikalischen Forschung geworden.

V

Die bisherigen Ausführungen bezogen sich auf Prüfverfahren zur Ermittlung von Stoffkennwerten, die im allgemeinen nicht an fertigen Gegenständen durchgeführt werden können. Die zweite Gruppe von Verfahren zur Prüfung am fertigen Bauteil oder Gegenstand, womit keine Zerstörung des Werkstückes verbunden ist, trat erst in den letzten drei Jahrzehnten stark in Erscheinung. Hier ist nun ein Faktor ganz wesentlich für die Verbreitung und Vertiefung der Materialprüfung wirksam gewesen, nämlich der Fortschritt der letzten beiden Jahrzehnte oder vielleicht der letzten zehn Jahre auf dem Gebiete des Apparate-, des Instrumentenbaues und der Meßtechnik, insbesondere unter Verwendung der Hochfrequenztechnik, die wiederum der starken Entwicklung der Physik zu verdanken ist.

Einige Beispiele mögen das erläutern: Die Verwendung von Ultraschall zur zerstörungsfreien Prüfung von Werkstücken auf innere Fehlstellen, insbesondere Risse, ist heute sehr verbreitet. Schallwellen, die durch im Hochfrequenzfeld zum Schwingen angeregte Piezoquarze gesendet und auf die Oberfläche übertragen werden, pflanzen sich in einem homogenen Werkstoff gleichmäßig fort, werden aber an Fehlstellen reflektiert oder gebeugt. Nach Durchgang durch den Werkstoff wird ein Piezoquarz an der Oberfläche des Stückes wieder in Schwingungen versetzt, die dann elektrisch registriert werden und die Störungen erkennen lassen. *Richardson* hatte bereits 1912 den Vorschlag gemacht, solche Schallwellen hoher Frequenz zur Materialprüfung zu benutzen. Aber erst 1931 wurde für eine technische Lösung ein erstes Patent erteilt. Dennoch dauerte es weitere 12 Jahre, bis man zu brauchbaren Lösungen für die praktische Anwendung kam *(J. Götz, R. Berthold* und *A. Trost).* Ich erinnere mich an ein 1943 von der Reichsbahn veranstaltetes Preisausschreiben für ein Prüfverfahren zur Auffindung von Dopplungen in Blechen. Bei der Reichsbahn waren damals einige schwere Kesselexplosionen mit erheblichen Schäden vorgekommen, die man auf derartige Dopplungen in Feuerbuchsblechen zurückführte. Unter den für das Preisausschreiben eingesandten, teils recht primitiven Vorschlägen befand sich auch ein nach unseren heutigen Vorstellungen recht unbrauchbarer Vorschlag, mit Ultraschall zu prüfen. Die heute benutzten modernen Geräte des sogenannten Impuls-Echo-Verfahrens werden erst seit 1950 in Deutschland hergestellt. Vor zehn Jahren hat sich wohl kaum jemand die rasche Verbreitung des Verfahrens und die außerordentlichen Erfolge, die in der ganzen Welt damit erzielt wurden, vorstellen können. Das Ultraschallprüfverfahren wurde eine ideale Ergänzung der Prüfung mit Röntgenstrahlen. Bemerkenswert für die Leistungsfähigkeit ist die außerordentlich große Prüf- und Registriergeschwindigkeit, die ein Sondergerät der Bundesbahn zur Fehlersuche in Schienen ermöglicht. Mit diesem Prüfgerät werden Fehler in Schienen auf einem Papierstreifen während der Fahrt von 40 km/Std. noch genau registriert. Nach der Auswertung lassen sich die Fehler bis auf wenige mm genau auf der Strecke auffinden. 100 km lassen sich pro Tag abfahren. Die Monatsleistung ist 1000 km, zur Zeit nur wegen des Verkehrs nicht größer.

Die Anwendung des Verfahrens bei der zerstörungsfreien Prüfung von Baustoffen, etwa Betondecken, zur Ermittlung des E-Moduls oder der Druckfestigkeit verspricht erhebliche Erleichterung und größere Sicherheit gegenüber jetzige Methoden.

Die Möglichkeit zur Sortierung von Gußstücken nach den Festigkeitseigenschaften deutet sich an.

Wenn heute manchmal die Äußerung getan wird, die Hersteller von Blechen erreichten nicht die Vorkriegsqualität, so beruhen solche Vorstellungen meist auf einem Irrtum. Vor dem Kriege ließen sich Fehler, die heute der bereits mit Ultraschallgeräten ausgerüstete Verbraucher ohne weiteres erkennt, gar nicht feststellen. Aber auch der Hersteller kontrolliert seine Produktion mit dem neuen Verfahren, so daß fehlerhaftes Material sicherlich weniger häufig als früher bis zum Verbraucher gelangt.

Fehler in Blöcken und großen Schmiedestücken und dergleichen waren bis zur Einführung des Ultraschallverfahrens ohne Zerstörung des zu prüfenden Stückes gar nicht feststellbar. Somit konnte auch nicht die Gefährlichkeit eines Fehlers beurteilt werden. Wenn man heute mit dem Ultraschallprüfverfahren Risse und Flocken in großen Kurbelwellen, die schon jahrzehntelang ihren Dienst getan haben, feststellte, so war das der Anlaß zu wissenschaftlichen Untersuchungen über die Frage, unter welchen Voraussetzungen die Risse bei den Betriebsbeanspruchungen überhaupt schädlich sind. Entscheidend ist ihre Lage in den Spannungsfeldern des beanspruchten Werkstückes. Durch solche Erkenntnisse, zusammen mit der neuen Prüfmethode, werden erhebliche Kosten, nicht nur Bearbeitungskosten, sondern auch Prüfkosten eingespart.

Weiter möchte ich die Anwendung induktiver (Wirbelstrom-) Verfahren erwähnen, die sich seit einem Hinweis von *W. Gerlach* im Jahre 1934 allmählich entwickelten und erst in den letzten Jahren zum laufenden Fehlernachweis und zur laufenden Qualitätskontrolle vor allem bei der Produktion und Fertigungsüberwachung in steigendem Umfang erfolgreich eingesetzt werden.

Das Anwendungsgebiet der Durchstrahlungsverfahren hat seit etwa 1952 eine erhebliche Ausweitung erfahren durch die Entwicklung des Betatrons (Elektronenschleuder), womit Röntgenstrahlen nahezu beliebig kurzer Wellenlänge (ultraharte Röntgenstrahlen) erhalten werden können.

Ganz neu ist auch der Einsatz der Isotope Kobalt 60, Tantal 182, Caesium 137, Iridium 192 (und Thulium 170), wodurch in den letzten Jahren eine erhebliche Erweiterung der zerstörungsfreien Werkstoffprüfung vor allem in wirtschaftlicher Hinsicht gegeben war.

Als ein weiteres Beispiel für die in letzter Zeit erfolgte Ausweitung und Vertiefung der Materialprüfung durch die Fortschritte der Instrumenten- und Meßtechnik ist die Spannungsanalyse mit Dehnungsmeßstreifen anzuführen. Bei der Festlegung der Abmessungen von Bauteilen und Maschinenteilen richtet sich der Ingenieur oder Konstrukteur nach bewährten Mustern. Bei Neukonstruktionen bedient er sich der Rechnung unter Verwendung von Festigkeitshypothesen. Selbst bei einer weitgehend exakten Durchrechnung ist es aber nicht immer möglich, die Betriebsbeanspruchungen nach Richtung und Größe sicher zu erfassen. Normalerweise ist die numerische Lösung einer Differentialgleichung oder eines Systems von Differentialgleichungen des Spannungszustandes auch viel zu zeitraubend. Neuzeitliche Rechenanlagen können erst nur in beschränktem Umfange eingesetzt werden. Man wählt bei neuen Konstruktionen deshalb häufig den Weg des Versuchs. Man stellt beispielsweise ein Modell her und führt unter Berücksichtigung der späteren Beanspruchung durch Überlastung den Bruch herbei und bekommt für die Korrektur der errechneten oder angenommenen Abmessungen gewisse Hinweise. Man kann ferner kleine Modelle der Konstruktion aus photoelastischen organischen Werkstoffen herstellen, im Sinne der Betriebsbeanspruchung belasten und die Spannungsfelder sichtbar machen, um die Lage und Ausdehnung besonders gefährdeter Stellen zu erkennen. Neben solchen und anderen Verfahren ist nun 1938 der Dehnungsmeßstreifen als Meßelement durch die Amerikaner *Simons* und *Ruge* bekanntgeworden. Das Verfahren wurde bald mit Erfolg von der Firma *Baldwin-Sima Hamilton* Corp., Philadelphia propagiert und in die Praxis eingeführt.

Eine auf einem dünnen Papierstreifen befindliche Drahtschleife wird auf die zu prüfende Stelle des Werkstückes geklebt. Bei Beanspruchung des Werkstückes macht der Papierträger und damit der Meßdraht die Dehnung des Werkstoffes mit. Entsprechend der Längenänderung ändert sich der Ohmsche Widerstand des Drahtes (Konstantan, Invar). Die entsprechende Änderung eines durch den Draht fließenden Stromes wird vorzugsweise in Wheastonescher Brückenschaltung gemessen. Das verhältnismäßig kleine Signal am Brückenausgang muß aber erheblich verstärkt werden, wozu besondere Geräte entwickelt werden mußten. Es ist nur erst einige Jahre her, als mit Mitteln des Wirtschaftsministeriums des Landes Nordrhein-Westfalen im Rahmen eines besonderen Ausschusses des Vereins Deutscher Ingenieure beim Max-Planck-Institut für Eisenforschung orientierende Arbeiten zur Einführung des Verfahrens auch in Deutschland durchgeführt wurden. Heute gehört der Dehnungsmeßstreifen schon zum alltäglichen Rüstzeug jedes Materialprüfungsamtes, wie auch jedes wissenschaftlichen Instituts, das sich mit Vorgängen befaßt, die in Längenänderungen übersetzt werden können. Man kann sich kaum noch vorstellen, daß man vor 10 bis 15 Jahren ohne dies Hilfsmittel auskommen mußte. Manche Konstruktion, manche Prüfung und manche wissenschaftliche Untersuchung wurde erst mit diesem neuen Meßverfahren möglich.

Ganz neue Prüfgebiete wurden durch die Radiotechnik erschlossen. Ich denke an Schallprüfungen, an die Messung der Schalldämmung und der Schalldurchlässigkeit sowie die Schallanalyse. Entsprechende Aufgaben wurden besonders vom sozialen Wohnungsbau gestellt.

Die Aufzählungen sind keineswegs erschöpfend, sie sollen nur zeigen, welche Förderung über die Fortschritte des Apparatebaues und der elektrischen Meßtechnik der Materialprüfung durch die Physik zuteil wurde, während umgekehrt die Physik und manche weiteren Zweige der Naturwissenschaft mit Hilfe der perfektionierten Prüfverfahren ihre Probleme mit größerem experimentellen Wirkungsgrad bearbeiten konnten. Es bleiben aber in der Materialprüfung immer noch Fragen offen, deren Bearbeitung heute praktisch noch nicht möglich ist, weil es an den erforderlichen Geräten fehlt.

VI

Bezüglich der dritten Gruppe von Prüfverfahren, die keine so eindeutigen Kennwerte oder so klaren Aussagen ergeben, möchte ich mich kurz fassen, da eine systematische Behandlung nicht möglich ist. Mit diesen Prüfverfahren sucht man ein mehr oder weniger kompliziertes Verhalten des Stoffes oder der Konstruktion unter mehr oder weniger komplizierten Umweltbedingungen möglichst weitgehend nachzuahmen. Vielfach sind das Prüfverfahren auf dem Gebiet der Korrosion und des Verschleißes. Manche derartigen Verfahren stellen bei dem Bemühen, unbedingt alle Einflußfaktoren in einer Prüfung zu erfassen, einen recht primitiven Stand einer Materialprüfung dar, vor allem, weil die Veränderung der Einflußgrößen mit der Zeit nicht vorausgesagt werden kann. Letzten Endes ist nur die Beobachtung des Verhaltens der Stoffe beim Gebrauch die sicherste Prüfmethode.

Trotz aller Fortschritte wird eine Unzahl von Problemen übrigbleiben, die die Praxis immer wieder neu stellt, deren Analyse aber meist nicht auf eindeutige physikalische oder chemische Vorgänge zurückführt, sondern bei denen die Prüfverfahren von Fall zu Fall ausgearbeitet werden müssen. In der Materialprüfung ist die Tendenz zur Normung bei weitem am ausgeprägtesten; aber gerade in der Materialprüfung ist die Hoffnung, einmal alles normgemäß behandeln zu können, wiederum am geringsten. Die Materialprüfung profitiert von allen naturwissenschaftlichen Disziplinen, wie kaum ein anderes Fachgebiet, es dürfte aber kaum ein Fachgebiet geben, das den Wissenschaften so viel Aufgaben und Forschungsthemen stellt wie die Materialprüfung.

VII

Es muß schließlich noch darauf hingewiesen werden, daß es auch dringlich zu lösende Aufgaben gibt, die die fortschreitende Technik heute schon für die nahe Zukunft stellt. Die Materialprüfung ist auf manchen Gebieten im Rückstand gegenüber der Entwicklung der Physik, so auf dem Gebiet hoher Temperaturen. Öfen und Meßgeräte etwa zur Ermittlung der für den Konstrukteur notwendigen Werkstoffkennwerte gehen praktisch nur bis 1000°. In den letzten zehn Jahren sind ungewöhnlich große Fortschritte mit neuen Antriebssystemen gemacht worden (Turbinen, Raketen). Die Reaktortechnik hat sich zur industriellen Reife entwickelt. Die Metallurgie und Keramik ist in neue Bereiche vorgestoßen. Alle diese Techniken verlangen für die industrielle und routinemäßige Durchführung dringend neue Daten für die Verwendbarkeit der Werkstoffe bei Temperaturen weit über 1000°, neue Entwicklungen auf dem Gebiet der hitzebeständigen Werkstoffe und neue Meßgeräte.

Der Direktor des National Bureau of Standards bezeichnete kürzlich den Mangel an Informationen über das Verhalten von Werkstoffen in sehr hohen Temperaturen, das Fehlen von praktisch brauchbaren Prüfmethoden bei 2000° bis 3000° als so ernst, daß, falls nicht erhebliche Fortschritte gemacht würden, die industrielle Ausnutzung der bedeutsamen Fortschritte der Physik in Frage gestellt würde. Er weist dabei mahnend auf die Bemühungen in Rußland hin. Dort würden heute regelmäßige Eichungen von Temperaturmeßgeräten bis 6000° ausgeführt und sollen bis 1960 einwandfreie routinemäßige Messungen bis 12000° möglich sein, während das Bureau of Standards erst bei 2800° mit 8° Genauigkeit angelangt sei.

Auf dem Festigkeitsgebiet erscheint mir dringlich: die weitere Klärung des Festigkeitsbegriffes, die experimentelle Herstellung dreiachsiger Spannungszustände über einen größeren Bereich als bisher, die Schaffung von Prüfgeräten mit beliebiger Einstellung der Beanspruchungsgeschwindigkeit oberhalb des jetzigen Bereiches.

VIII

Daß sich Wissenschaftsgebiete aus Bedürfnissen der Industrie entwickeln, ist bekannt; die Materialprüfung hat sich aber nicht aus der Wirtschaft heraus als selbständiges Gebilde entwickelt, sondern ist immer ein Bestandteil der arbeitsteiligen Wirtschaft gewesen. Sie hat keine eigene unabhängige Entwicklung, sondern ist mit der Entwicklung der Technik, der Industrie, der Wirtschaft und mit der modernen Gesellschaft aufs engste verknüpft. Sie selbst ist nicht einmal auf den Fortschritt ausgerichtet, sie ermöglicht jedoch erst den Fortschritt. Materialprüfung ist auch keine Spezialwissenschaft, die etwa von einer Persönlichkeit in vollem Umfange beherrscht oder betrieben werden könnte. Wenn man etwa aus der Tatsache, daß bei der Deutschen Forschungsgemeinschaft für das Gebiet der Materialprüfung ein Schwerpunkt, wie man das nennt, in der Organisation der Mittelverteilung gebildet wurde, den Schluß zieht, daß die Materialprüfung damit zu einer anerkannten Wissenschaft geworden sei, so besteht in der Auffassung über den Begriff Wissenschaft eine gewisse Unklarheit.

Materialprüfung ist eine Technik, die nach wissenschaftlichen Grundsätzen ausgeübt wird. Diese Technik wird nicht allein in der offiziellen Materialprüfung ausgeübt, sondern überall in den meisten naturwissenschaftlichen Fachgebieten, in der Physik, Chemie, Mineralogie, Geologie, Metallkunde usw. Damit ist aber nicht gesagt, daß die vielfach in wissenschaftlichen Instituten betriebene Materialprüfung nicht als Forschung bezeichnet werden könnte. Wenn bei der Anwendung der Methoden der Materialprüfung Unklarheiten entstehen, Probleme auftauchen, deren Beseitigung oder Lösung echte Forschung erforderlich macht, so kommen aber diese Probleme und Fragen nicht aus einem umfassenden Denken, aus einer Wissensordnung, eben den Voraussetzungen einer Fachwissenschaft, sondern aus einem, im letzten unsystematischen Bedürfnis nach unmittelbaren Tageslösungen. Während der echte Wissenschaftler ohne Rücksicht auf die Forderung des Tages disponiert und seine Arbeiten auf die Zukunft abstellt, arbeitet der Materialprüfer für den heutigen Tag und für unmittelbare Entscheidungen. Die Tätigkeit der beiden braucht sich nicht zu unterscheiden, die Probleme und Zielsetzungen aber sind doch andere. Die Ergebnisse der Arbeiten des einen gereichen dem Volke oft erst in Jahren, wenn überhaupt, zum Nutzen, die Ergebnisse der Arbeiten des anderen werden unmittelbar nutzbar.

Summary

Quality control is as old as human history, and even primitive tests of objects according to external characteristics provided variations in materials of similar type. At a later stage of development, tests and inspections were made not only on finished objects, but also on raw materials before manufacture. Direct testing of the object of the workpiece or structural component is still customary today, although since industrialisation, and in particular since mass production of steel began, it is becoming more frequent for inspection to be made on the material itself. Again, latest developments are concerned with the function of structural components in practical operation and, following the invention of suitable processes, with the inspection of manufactured objects. The scope covered by quality control has expanded greatly since World War I, particularly after the introduction of standards and with the increasing interest shown in government and municipal quarters. Rate of growth corresponds in every respect to the growth rates in production in the various industries. Private and public institutions carry out quality controls, and the high cost of control apparatus together with a desire for neutral inspection has resulted in a greater utilisation of state-owned facilities. Control processes determine whether the characteristic values of materials are ascertained before their application, whether the property of the materials in the manufactured structural component is tested without its destruction, and whether the material performance of the objects is inspected with regard to the material.

In all three cases, scientific studies of testing processes and material behaviour are necessary. In this respect, science and practice are constantly exchanging experience and provide mutual stimulus; this relationship is illustrated by numerous examples. Finally illustrated is the influence of more recent physics through apparatus and instrument construction and high frequency technique on the most modern quality control, particularly the use of ultrasonic apparatus, the betatron, and of isotopes in detecting internal defects, the strain gage process, used in ascertaining tension relationship in working stress. A brief glance into the future shows that quality control still has to solve considerable problems in order to enable the economic application of the most modern scientific knowledge.

Résumé

L'épreuve des matériaux est aussi vieille que l'histoire de l'homme. Lors des appréciations primitives des objets d'après leurs caractéristiques extérieures, il existait déjà des différenciations entre matériaux de même sorte. A une époque ultérieure de l'évolution, ce ne furent pas seulement les objets finis mais aussi les matières premières qui furent appréciées et éprouvées avant l'achèvement. L'examen direct de l'objet fabriqué ou de la pièce de construction est encore d'usage aujourd'hui, bien que, depuis le début de l'industrialisation et surtout après le commencement de la production massive de l'acier, l'examen s'effectue de plus en plus sur le matérial même. Suite à l'évolution la plus récente, on examine de nouveau la pièce de construction dans l'exploitation pratique et, après invention des procédés appropriés, l'objet fini. L'étendue de l'examen des matériaux s'est accrue surtout depuis la dernière guerre mondiale avec l'introduction des normes, et plus tard avec l'intérêt toujours plus grand des services officiels nationaux et communaux. L'importance de cet accroissement correspond parfaitement à l'augmentation de la production dans les diverses industries. L'épreuve des matériaux est assurée par des institutions privées et publiques. Le coût élevé des installations destinées aux épreuves et le désir d'un examen impartial font que l'on fait de plus en plus appel aux instituts de l'Etat. Les méthodes d'examen se distinguent selon qu'elles établissent avant l'emploi les caractéristiques de la matière à travailler, qu'elles étudient les propriétés des matériaux dans l'élément de construction terminé ou bien la destruction de cet élément, ou bien encore qu'elles étudient le comportement en exploitation des objets par rapport à leur matière première.

Dans les trois cas, des études scientifiques des méthodes d'examen et du comportement du matérial sont nécessaires. Les savants et les praticiens échangent constamment leur expérience à ce sujet et des suggestions. Ces rapports sont illustrés de plusieurs exemples. L'auteur décrit enfin l'influence de la physique moderne sur la construction des appareils et des instruments et celle de la technique de la haute fréquence sur les essais de matériaux les plus récents, en particulier l'emploi d'appareils à ultra-sons, du bétatron, d'isotopes pour déceler des défauts internes, de la méthode de janges à résistance pour trouver les rapports de tensions pendant les sollicitations en exploitations. Un bref aperçu de l'avenir montre que l'épreuve des matériaux a encore d'importantes tâches à remplir pour permettre l'application économique des connaissances scientifiques les plus modernes.

VERÖFFENTLICHUNGEN DER ARBEITSGEMEINSCHAFT FÜR FORSCHUNG DES LANDES NORDRHEIN-WESTFALEN

AGF-N Heft Nr.		NATUR-, INGENIEUR- UND GESELLSCHAFTSWISSENSCHAFTEN
1	*Friedrich Seewald, Aachen*	Neue Entwicklungen auf dem Gebiete der Antriebsmaschinen
	Fritz A. F. Schmidt, Aachen	Technischer Stand und Zukunftsaussichten der Verbrennungsmaschinen, insbesondere der Gasturbinen
	Rudolf Friedrich, Mülheim (Ruhr)	Möglichkeiten und Voraussetzungen der industriellen Verwertung der Gasturbine
2	*Wolfgang Riezler †, Bonn*	Probleme der Kernphysik
	Fritz Micheel, Münster	Isotope als Forschungsmittel in der Chemie und Biochemie
3	*Emil Lehnartz, Münster*	Der Chemismus der Muskelmaschine
	Gunther Lehmann, Dortmund	Physiologische Forschung als Voraussetzung der Bestgestaltung der menschlichen Arbeit
	Heinrich Kraut, Dortmund	Ernährung und Leistungsfähigkeit
4	*Franz Wever, Düsseldorf*	Aufgaben der Eisenforschung
	Hermann Schenck, Aachen	Entwicklungslinien des deutschen Eisenhüttenwesens
	Max Haas, Aachen	Die wirtschaftliche und technische Bedeutung der Leichtmetalle und ihre Entwicklungsmöglichkeiten
5	*Walter Kikuth, Düsseldorf*	Virusforschung
	Rolf Danneel, Bonn	Fortschritte der Krebsforschung
	Werner Schulemann, Bonn	Wirtschaftliche und organisatorische Gesichtspunkte für die Verbesserung unserer Hochschulforschung
6	*Walter Weizel, Bonn*	Die gegenwärtige Situation der Grundlagenforschung in der Physik
	Siegfried Strugger †, Münster	Das Duplikantenproblem in der Biologie
	Fritz Gummert, Essen	Überlegungen zu den Faktoren Raum und Zeit im biologischen Geschehen und Möglichkeiten einer Nutzanwendung
7	*August Götte, Aachen*	Steinkohle als Rohstoff und Energiequelle
	Karl Ziegler, Mülheim (Ruhr)	Über Arbeiten des Max-Planck-Instituts für Kohlenforschung
8	*Wilhelm Fucks, Aachen*	Die Naturwissenschaft, die Technik und der Mensch
	Walther Hoffmann, Münster	Wirtschaftliche und soziologische Probleme des technischen Fortschritts
9	*Franz Bollenrath, Aachen*	Zur Entwicklung warmfester Werkstoffe
	Heinrich Kaiser, Dortmund	Stand spektralanalytischer Prüfverfahren und Folgerung für deutsche Verhältnisse
10	*Hans Braun, Bonn*	Möglichkeiten und Grenzen der Resistenzzüchtung
	Carl Heinrich Dencker, Bonn	Der Weg der Landwirtschaft von der Energieautarkie zur Fremdenergie
11	*Herwart Opitz, Aachen*	Entwicklungslinien der Fertigungstechnik in der Metallbearbeitung
	Karl Krekeler, Aachen	Stand und Aussichten der schweißtechnischen Fertigungsverfahren
12	*Hermann Rathert, W'tal-Elberfeld*	Entwicklung auf dem Gebiet der Chemiefaser-Herstellung
	Wilhelm Weltzien, Krefeld	Rohstoff und Veredlung in der Textilwirtschaft
13	*Karl Herz, Frankfurt a. M.*	Die technischen Entwicklungstendenzen im elektrischen Nachrichtenwesen
	Leo Brandt, Düsseldorf	Navigation und Luftsicherung
14	*Burkhardt Helferich, Bonn*	Stand der Enzymchemie und ihre Bedeutung
	Hugo Wilhelm Knipping, Köln	Ausschnitt aus der klinischen Carcinomforschung am Beispiel des Lungenkrebses

15	*Abraham Esau †, Aachen*	Ortung mit elektrischen u. Ultraschallwellen in Technik u. Natur
	Eugen Flegler, Aachen	Die ferromagnetischen Werkstoffe der Elektrotechnik und ihre neueste Entwicklung
16	*Rudolf Seyffert, Köln*	Die Problematik der Distribution
	Theodor Beste, Köln	Der Leistungslohn
17	*Friedrich Seewald, Aachen*	Die Flugtechnik und ihre Bedeutung für den allgemeinen technischen Fortschritt
	Edouard Houdremont †, Essen	Art und Organisation der Forschung in einem Industriekonzern
18	*Werner Schulemann, Bonn*	Theorie und Praxis pharmakologischer Forschung
	Wilhelm Groth, Bonn	Technische Verfahren zur Isotopentrennung
19	*Kurt Traenckner †, Essen*	Entwicklungstendenzen der Gaserzeugung
20	*M. Zvegintzov, London*	Wissenschaftliche Forschung und die Auswertung ihrer Ergebnisse
		Ziel und Tätigkeit der National Research Development Corporation
	Alexander King, London	Wissenschaft und internationale Beziehungen
21	*Robert Schwarz, Aachen*	Wesen und Bedeutung der Siliciumchemie
	Kurt Alder †, Köln	Fortschritte in der Synthese der Kohlenstoffverbindungen
21a	*Karl Arnold*	Forschung an Rhein und Ruhr
	Otto Hahn, Göttingen	Die Bedeutung der Grundlagenforschung für die Wirtschaft
	Siegfried Strugger †, Münster	Die Erforschung des Wasser- und Nährsalztransportes im Pflanzenkörper mit Hilfe der fluoreszenzmikroskopischen Kinematographie
22	*Johannes von Allesch, Göttingen*	Die Bedeutung der Psychologie im öffentlichen Leben
	Otto Graf, Dortmund	Triebfedern menschlicher Leistung
23	*Bruno Kuske, Köln*	Zur Problematik der wirtschaftswissenschaftlichen Raumforschung
	Stephan Prager, Düsseldorf	Städtebau und Landesplanung
24	*Rolf Danneel, Bonn*	Über die Wirkungsweise der Erbfaktoren
	Kurt Herzog, Krefeld	Der Bewegungsbedarf der menschlichen Gliedmaßengelenke bei der Arbeit
25	*Otto Haxel, Heidelberg*	Energiegewinnung aus Kernprozessen
	Max Wolf, Düsseldorf	Gegenwartsprobleme der energiewirtschaftlichen Forschung
26	*Friedrich Becker, Bonn*	Ultrakurzwellenstrahlung aus dem Weltraum
	Hans Straßl, Münster	Bemerkenswerte Doppelsterne und das Problem der Sternentwicklung
27	*Heinrich Behnke, Münster*	Der Strukturwandel der Mathematik in der ersten Hälfte des 20. Jahrhunderts
	Emanuel Sperner, Hamburg	Eine mathematische Analyse der Luftdruckverteilungen in großen Gebieten
28	*Oskar Niemczyk †, Berlin*	Die Problematik gebirgsmechanischer Vorgänge im Steinkohlenbergbau
	Wilhelm Ahrens, Krefeld	Die Bedeutung geologischer Forschung für die Wirtschaft, besonders in Nordrhein-Westfalen
29	*Bernhard Rensch, Münster*	Das Problem der Residuen bei Lernvorgängen
	Hermann Fink, Köln	Über Leberschäden bei der Bestimmung des biologischen Wertes verschiedener Eiweiße von Mikroorganismen
30	*Friedrich Seewald, Aachen*	Forschungen auf dem Gebiet der Aerodynamik
	Karl Leist †, Aachen	Einige Forschungsarbeiten aus der Gasturbinentechnik
31	*Fritz Mietzsch †, Wuppertal*	Chemie und wirtschaftliche Bedeutung der Sulfonamide
	Gerhard Domagk, Wuppertal	Die experimentellen Grundlagen der bakteriellen Infektionen
32	*Hans Braun, Bonn*	Die Verschleppung von Pflanzenkrankheiten und Schädlingen über die Welt
	Wilhelm Rudorf, Köln	Der Beitrag von Genetik und Züchtung zur Bekämpfung von Viruskrankheiten der Nutzpflanzen

33	*Volker Aschoff, Aachen*	Probleme der elektroakustischen Einkanalübertragung
	Herbert Döring, Aachen	Die Erzeugung und Verstärkung von Mikrowellen
34	*Rudolf Schenck, Aachen*	Bedingungen und Gang der Kohlenhydratsynthese im Licht
	Emil Lehnartz, Münster	Die Endstufen des Stoffabbaues im Organismus
34a	*Wilhelm Fucks, Aachen*	Mathematische Analyse von Sprachelementen, Sprachstil und Sprachen
35	*Hermann Schenck, Aachen*	Gegenwartsprobleme der Eisenindustrie in Deutschland
	Eugen Piwowarsky †, Aachen	Gelöste und ungelöste Probleme im Gießereiwesen
36	*Wolfgang Riezler †, Bonn*	Teilchenbeschleuniger
	Gerhard Schubert, Hamburg	Anwendungen neuer Strahlenquellen in der Krebstherapie
37	*Franz Lotze, Münster*	Probleme der Gebirgsbildung
38	*E. Colin Cherry, London*	Kybernetik. Die Beziehung zwischen Mensch und Maschine
	Erich Pietsch, Frankfurt	Dokumentation und mechanisches Gedächtnis – zur Frage der Ökonomie der geistigen Arbeit
39	*Abraham Esau †, Aachen*	Der Ultraschall und seine technischen Anwendungen
	Heinz Haase, Hamburg	Infrarot und seine technischen Anwendungen
40	*Fritz Lange, Bochum-Hordel*	Die wirtschaftliche und soziale Bedeutung der Silikose im Bergbau
	Walter Kikuth und Werner Schlipköter, Düsseldorf	Die Entstehung der Silikose und ihre Verhütungsmaßnahmen
40a	*Eberhard Gross, Bonn*	Berufskrebs und Krebsforschung
	Hugo Wilhelm Knipping, Köln	Die Situation der Krebsforschung vom Standpunkt der Klinik
41	*Gustav-Victor Lachmann, London*	An einer neuen Entwicklungsschwelle im Flugzeugbau
	A. Gerber, Zürich-Oerlikon	Stand der Entwicklung der Raketen- und Lenktechnik
42	*Theodor Kraus, Köln*	Über Lokalisationsphänomene und Ordnungen im Raume
	Fritz Gummert, Essen	Vom Ernährungsversuchsfeld der Kohlenstoffbiologischen Forschungsstation Essen
42a	*Gerhard Domagk, Wuppertal*	Fortschritte auf dem Gebiet der experimentellen Krebsforschung
43	*Giovanni Lampariello, Rom*	Das Leben und das Werk von Heinrich Hertz
	Walter Weizel, Bonn	Das Problem der Kausalität in der Physik
43a	*José Ma Albareda, Madrid*	Die Entwicklung der Forschung in Spanien
44	*Burckhardt Helferich, Bonn*	Über Glykoside
	Fritz Micheel, Münster	Kohlenhydrat-Eiweißverbindungen und ihre biochemische Bedeutung
45	*John von Neumann †, Princeton*	Entwicklung und Ausnutzung neuerer mathematischer Maschinen
	Eduard Stiefel, Zürich	Rechenautomaten im Dienste der Technik
46	*Wilhelm Weltzien, Krefeld*	Ausblick auf die Entwicklung synthetischer Fasern
	Walther G. Hoffmann, Münster	Wachstumsprobleme der Wirtschaft
47	*Leo Brandt, Düsseldorf*	Die praktische Förderung der Forschung in Nordrhein-Westfalen
	Ludwig Raiser, Tübingen	Die Förderung der angewandten Forschung durch die Deutsche Forschungsgemeinschaft
48	*Hermann Tromp, Rom*	Die Bestandsaufnahme der Wälder der Welt als internationale und wissenschaftliche Aufgabe
	Franz Heske, Hamburg	Die Wohlfahrtswirkungen des Waldes als internationales Problem
49	*Günther Böhnecke, Hamburg*	Zeitfragen der Ozeanographie
	Heinz Gabler, Hamburg	Nautische Technik und Schiffssicherheit
50	*Fritz A. F. Schmidt, Aachen*	Probleme der Selbstzündung und Verbrennung bei der Entwicklung der Hochleistungskraftmaschinen
	August Wilhelm Quick, Aachen	Ein Verfahren zur Untersuchung des Austauschvorganges in verwirbelten Strömungen hinter Körpern mit abgelöster Strömung
51	*Johannes Pätzold, Erlangen*	Therapeutische Anwendung mechanischer und elektrischer Energie

52	*F. W. A. Patmore, London*	Der Air Registration Board und seine Aufgaben im Dienste der britischen Flugzeugindustrie
	A. D. Young, London	Gestaltung der Lehrtätigkeit in der Luftfahrttechnik in Großbritannien
52a	*C. Martin, London*	Die Royal Society
	A. J. A. Roux, Südafrikanische Union	Probleme der wissenschaftlichen Forschung in der Südafrikanischen Union
53	*Georg Schnadel, Hamburg*	Forschungsaufgaben zur Untersuchung der Festigkeitsprobleme im Schiffsbau
	Wilhelm Sturtzel, Duisburg	Forschungsaufgaben zur Untersuchung der Widerstandsprobleme im See- und Binnenschiffbau
53a	*Giovanni Lampariello, Rom*	Von Galilei zu Einstein
54	*Walter Dieminger, Lindau/Harz*	Ionosphäre und drahtloser Weitverkehr
54a	*John Cockcroft, F.R.S., Cambridge*	Die friedliche Anwendung der Atomenergie
55	*Fritz Schultz-Grunow, Aachen*	Kriechen und Fließen hochzäher und plastischer Stoffe
	Hans Ebner, Aachen	Wege und Ziele der Festigkeitsforschung, insbesondere im Hinblick auf den Leichtbau
56	*Ernst Derra, Düsseldorf*	Der Entwicklungsstand der Herzchirurgie
	Gunther Lehmann, Dortmund	Muskelarbeit und Muskelermüdung in Theorie und Praxis
57	*Theodor von Kármán, Pasadena*	Freiheit und Organisation in der Luftfahrtforschung
	Leo Brandt, Düsseldorf	Bericht über den Wiederbeginn deutscher Luftfahrtforschung
58	*Fritz Schröter, Ulm*	Neue Forschungs- und Entwicklungsrichtungen im Fernsehen
	Albert Narath, Berlin	Der gegenwärtige Stand der Filmtechnik
59	*Richard Courant, New York*	Die Bedeutung der modernen mathematischen Rechenmaschinen für mathematische Probleme der Hydrodynamik und Reaktortechnik
	Ernst Peschl, Bonn	Die Rolle der komplexen Zahlen in der Mathematik und die Bedeutung der komplexen Analysis
60	*Wolfgang Flaig, Braunschweig*	Zur Grundlagenforschung auf dem Gebiet des Humus und der Bodenfruchtbarkeit
	Eduard Mückenhausen, Bonn	Typologische Bodenentwicklung und Bodenfruchtbarkeit
61	*Walter Georgii, München*	Aerophysikalische Flugforschung
	Klaus Oswatitsch, Aachen	Gelöste und ungelöste Probleme der Gasdynamik
62	*Adolf Butenandt, München*	Über die Analyse der Erbfaktorenwirkung und ihre Bedeutung für biochemische Fragestellungen
63	*Oskar Morgenstern, Princeton*	Der theoretische Unterbau der Wirtschaftspolitik
64	*Bernhard Rensch, Münster*	Die stammesgeschichtliche Sonderstellung des Menschen
65	*Wilhelm Tönnis, Köln*	Die neuzeitliche Behandlung frischer Schädelhirnverletzungen
65a	*Siegfried Strugger †, Münster*	Die elektronenmikroskopische Darstellung der Feinstruktur des Protoplasmas mit Hilfe der Uranylmethode und die zukünftige Bedeutung dieser Methode für die Erforschung der Strahlenwirkung
66	*Wilhelm Fucks, Gerd Schumacher und Andreas Scheidweiler, Aachen*	Bildliche Darstellung der Verteilung und der Bewegung von radioaktiven Substanzen im Raum, insbesondere von biologischen Objekten (Physikalischer Teil)
	Hugo Wilhelm Knipping und Erich Liese, Köln	Bildgebung von Radioisotopenelementen im Raum bei bewegten Objekten (Herz, Lungen etc.) (Medizinischer Teil)
67	*Friedrich Paneth †, Mainz*	Die Bedeutung der Isotopenforschung für geochemische und kosmochemische Probleme
	J. Hans D. Jensen und H. A. Weidenmüller, Heidelberg	Die Nichterhaltung der Parität
67a	*Francis Perrin, Paris*	Die Verwendung der Atomenergie für industrielle Zwecke
68	*Hans Lorenz, Berlin*	Forschungsergebnisse auf dem Gebiete der Bodenmechanik als Wegbereiter für neue Gründungsverfahren
	Georg Garbotz, Aachen	Die Bedeutung der Baumaschinen- und Baubetriebsforschung für die Praxis

69	*Maurice Roy, Chatillon*	Luftfahrtforschung in Frankreich und ihre Perspektiven im Rahmen Europas
	Alexander Naumann, Aachen	Methoden und Ergebnisse der Windkanalforschung
69a	*Harry W. Melville, London*	Die Anwendung von radioaktiven Isotopen und hoher Energiestrahlung in der polymeren Chemie
70	*Eduard Justi, Braunschweig*	Elektrothermische Kühlung und Heizung. Grundlagen und Möglichkeiten
	Richard Vieweg, Braunschweig	Maß und Messen in Geschichte und Gegenwart
71	*Fritz Baade, Kiel*	Gesamtdeutschland und die Integration Europas
	Günther Schmölders, Köln	Ökonomische Verhaltensforschung
72	*Rudolf Wille, Berlin*	Modellvorstellungen zum Übergang Laminar-Turbulent
	Josef Meixner, Aachen	Neuere Entwicklung der Thermodynamik
73	*Ake Gustafsson, Diter v. Wettstein und Lars Ehrenberg, Stockholm*	Mutationsforschung und Züchtung
	Joseph Straub, Köln	Mutationsauslösung durch ionisierende Strahlung
74	*Martin Kersten, Aachen*	Neuere Versuche zur physikalischen Deutung technischer Magnetisierungsvorgänge
	Günther Leibfried, Aachen	Zur Theorie idealer Kristalle
75	*Wilhelm Klemm, Münster*	Neue Wertigkeitsstufen bei den Übergangselementen
	Helmut Zahn, Aachen	Die Wollforschung in Chemie und Physik von heute
76	*Henri Cartan, Paris*	Nicolas Bourbaki und die heutige Mathematik
76a	*Harald Cramér, Stockholm*	Aus der neueren mathematischen Wahrscheinlichkeitslehre
77	*Georg Melchers, Tübingen*	Die Bedeutung der Virusforschung für die moderne Genetik
	Alfred Kühn, Tübingen	Über die Wirkungsweise von Erbfaktoren
78	*Fréderic Ludwig, Paris*	Experimentelle Studien über die Distanzeffekte in bestrahlten vielzelligen Organismen
	A. H. W. Aten jr., Amsterdam	Die Anwendung radioaktiver Isotope in der chemischen Forschung
79	*Hans Herloff Inhoffen und Wilhelm Bartmann, Braunschweig*	Chemische Übergänge von Gallensäuren in cancerogene Stoffe und ihre möglichen Beziehungen zum Krebsproblem
	Rolf Danneel, Bonn	Entstehung, Funktion und Feinbau der Mitochondrien
80	*Max Born, Bad Pyrmont*	Der Realitätsbegriff in der Physik
81	*Joachim Wüstenberg, Gelsenkirchen*	Der gegenwärtige ärztliche Standpunkt zum Problem der Beeinflussung der Gesundheit durch Luftverunreinigungen
82	*Paul Schmidt, München*	Periodisch wiederholte Zündungen durch Stoßwellen
83	*Walter Kikuth, Düsseldorf*	Die Infektionskrankheiten im Spiegel historischer und neuzeitlicher Betrachtungen
84	*F. Rudolf Jung †, Aachen*	Die geodätische Erschließung Kanadas durch elektronische Entfernungsmessung
84a	*Hans-Ernst Schwiete, Aachen*	Ein zweites Steinzeitalter? – Gesteinshüttenkunde früher und heute
85	*Horst Rothe, Karlsruhe*	Der Molekularverstärker und seine Anwendung
	Roland Lindner, Göteborg	Atomkernforscnung und Chemie, aktuelle Probleme
86	*Paul Denzel, Aachen*	Technische und wirtschaftliche Probleme der Energieumwandlung und -Fortleitung
87	*Jean Capelle, Lyon*	Der Stand der Ingenieurausbildung in Frankreich
88	*Friedrich Panse, Düsseldorf*	Klinische Psychologie, ein psychiatrisches Bedürfnis
	Heinrich Kraut, Dortmund	Über die Deckung des Nährstoffbedarfs in Westdeutschland
90	*Edgar Rößger, Berlin*	Zur Analyse der auf angebotene tkm umgerechneten Verkehrsaufwendungen und Verkehrserträge im Luftverkehr
	Günther Ulbricht, Oberpfaffenhofen (Obb.)	Die Funknavigationsverfahren und ihre physikalischen Grenzen
91	*Franz Wever, Düsseldorf*	Das Schwert in Mythos und Handwerk
	Ernst Hermann Schulz, Dortmund	Über die Ergebnisse neuerer metallkundlicher Untersuchungen alter Eisenfunde und ihre Bedeutung für die Technik und die Archäologie

92	*Hermann Schenck, Aachen*	Wertung und Nutzung der wissenschaftlichen Arbeit am Beispiel des Eisenhüttenwesens
93	*Oskar Löbl, Essen*	Streitfragen bei der Kostenberechnung des Atomstroms
	Frederic de Hoffmann, Los Alamos	Ein neuer Weg zur Kostensenkung des Atomstroms. Das amerikanische Hochtemperaturprojekt (NTGR)
	Rudolf Schulten, Mannheim	Die Entwicklung des Hochtemperaturreaktors
94	*Gunther Lehmann, Dortmund*	Die Einwirkung des Lärms auf den Menschen
	Franz Josef Meister, Düsseldorf	Geräuschmessungen an Verkehrsflugzeugen und ihre hörpsychologische Bewertung
96	*Herwart Opitz, Aachen*	Technische und wirtschaftliche Aspekte der Automatisierung
	Joseph Mathieu, Aachen	Arbeitswissenschaftliche Aspekte der Automatisierung
97	*Stephan Prager, Düsseldorf*	Das deutsche Luftbildwesen
	Hugo Kasper, Heerbrugg (Schweiz)	Die Technik des Luftbildwesens
98	*Karl Oberdisse, Düsseldorf*	Aktuelle Probleme der Diabetesforschung
	H. D. Cremer, Gießen	Neue Gesichtspunkte zur Vitaminversorgung
99	*Hans Schwippert, Düsseldorf*	Über das Haus der Wissenschaften und die Arbeit des Architekten von heute
	Volker Aschoff, Aachen	Über die Planung großer Hörsäle
100	*Raymond Cheradame, Paris*	Aufgaben und Probleme des Instituts für Kohleforschung in Frankreich — Anforderungen an den wissenschaftlichen Nachwuchs in der Forschung und seine Ausbildung
	Marc Allard, St. Germain-en Laye	Das Institut für Eisenforschung in Frankreich und seine Probleme in der Eisenforschung
101	*Reimar Pohlman, Aachen*	Die neuesten Ergebnisse der Ultraschallforschung in Anwendung und Ausblick auf die moderne Technik
	E. Ahrens, Kiel	Schall und Ultraschall in der Unterwassernachrichtentechnik
102	*Heinrich Hertel, Berlin*	Grundlagenforschung für Entwurf und Konstruktion von Flugzeugen
103	*Franz Ollendorff, Haifa*	Technische Erziehung in Israel
104	*Hans Ferdinand Mayer, München*	Interkontinentale Nachrichtenübertragung mittels moderner Tiefseekabel und Satellitenverbindungen
105	*Wilhelm Krelle, Bonn*	Gelöste und ungelöste Probleme der Unternehmensforschung
	Horst Albach, Bonn	Produktionsplanung auf der Grundlage technischer Verbrauchsfunktionen
106	*Lord Hailsham, London*	Staat und Wissenschaft in einer freien Gesellschaft
107	*Richard Courant, New York; Frederic de Hoffmann, San Diego; Charles King Campbell, New York; John W. Tuthill, Paris*	Forschung und Industrie in den USA – ihre internationale Verflechtung
108	*André Voisin, Frankreich*	Über die Verbindung der Gesundheit des modernen Menschen mit der Gesundheit des Bodens
	Hans Braun, Bonn	Standort und Pflanzengesundheit
109	*Alfred Neuhaus, Bonn*	Höchstdruck-Hochtemperatur-Synthesen, ihre Methoden und Ergebnisse
	Rudolf Tschesche, Bonn	Chemie und Genetik
110	*Uichi Hashimoto, Tokyo*	Ein geschichtlicher Rückblick auf die Erziehung und die wissenschaftstechnische Forschung in Japan von der Meiji-Restauration bis zur Gegenwart
111	*Sir Basil Schonland, Harwell*	Einige Gesichtspunkte über die friedlichen Verwendungsmöglichkeiten der Atomenergie
112	*Wilhelm Fucks, Aachen*	Über Arbeiten zur Hydromagnetik elektrisch leitender Flüssigkeiten, über Verdichtungsstöße und aus der Hochtemperaturplasmaphysik
	Hermann L. Jordan, Jülich	Erzeugung von Plasma hoher Temperatur durch magnetische Kompression

113	*Friedrich Becker, Bonn*	Vier Jahre Radioastronomie an der Universität Bonn
	Werner Ruppel, Rolandseck	Große Richtantennen
114	*Bernhard Rensch, Münster*	Gedächtnis, Abstraktion und Generalisation bei Tieren
115	*Hermann Flohn, Bonn*	Klimaschwankungen und großräumige Klimabeeinflussung
116	*Georg Hugel, Ville-D'Array*	Über Petrolchemie
118	*Karl Steinbuch, Karlsruhe*	Über Kybernetik
	Wolf-Dieter Keidel, Erlangen	Kybernetische Systeme des menschlichen Organismus
119	*Walter Kikuth, Düsseldorf*	Die biologische Wirkung von staub- und gasförmigen Immissionen
	Franz Grosse-Brockhoff, Düsseldorf	Die Technik im Dienste moderner kardiologischer Diagnostik
120	*Milton Burton, Notre Dame, Ind., USA*	Energie-„Dissipation“ in der Strahlenchemie
	Günther O. Schenck, Mülheim/Ruhr	Mehrzentren-Termination
121	*Fritz Micheel, Münster*	Synthese von Polysacchariden
	Paul F. Pelshenke, Detmold	Neuere Ergebnisse der Getreide- und Brotforschung

AGF-G Heft Nr.		GEISTESWISSENSCHAFTEN
1	*Werner Richter †, Bonn*	Von der Bedeutung der Geisteswissenschaften für die Bildung unserer Zeit
	Joachim Ritter, Münster	Die Lehre vom Ursprung und Sinn der Theorie bei Aristoteles
2	*Josef Kroll, Köln*	Elysium
	Günther Jachmann, Köln	Die vierte Ekloge Vergils
3	*Hans Erich Stier, Münster*	Die klassische Demokratie
4	*Werner Caskel, Köln*	Lihyan und Lihyanisch. Sprache und Kultur eines frühhrabischen Königreiches
5	*Thomas Ohm, O. S. B.†, Münster*	Stammesreligionen im südlichen Tanganjika-Territorium
6	*Georg Schreiber, Münster*	Deutsche Wissenschaftspolitiker von Bismarck bis zum Atomwissenschaftler Otto Hahn
7	*Walter Holtzmann, Bonn*	Das mittelalterliche Imperium und die werdenden Nationen
8	*Werner Caskel, Köln*	Die Bedeutung der Beduinen in der Geschichte der Araber
9	*Georg Schreiber, Münster*	Irland im deutschen und abendländischen Sakralraum
10	*Peter Rassow †, Köln*	Forschungen zur Reichs-Idee im 16. und 17. Jahrhundert
11	*Hans Erich Stier, Münster*	Roms Aufstieg zur Weltmacht und die griechische Welt
12	*Karl Heinrich Rengstorf, Münster*	Mann und Frau im Urchristentum
	Hermann Conrad, Bonn	Grundprobleme einer Reform des Familienrechtes
13	*Max Braubach, Bonn*	Der Weg zum 20. Juli 1944. Ein Forschungsbericht
15	*Franz Steinbach, Bonn*	Der geschichtliche Weg des wirtschaftenden Menschen in die soziale Freiheit und politische Verantwortung
16	*Josef Koch, Köln*	Die Ars coniecturalis des Nikolaus von Kues
17	*James B. Conant, USA*	Staatsbürger und Wissenschaftler
	Karl Heinrich Rengstorf, Münster	Antike und Christentum
19	*Fritz Schalk, Köln*	Das Lächerliche in der französischen Literatur des Ancien Régime
20	*Ludwig Raiser, Tübingen*	Rechtsfragen der Mitbestimmung
21	*Martin Noth, Bonn*	Das Geschichtsverständnis der alttestamentlichen Apokalyptik
22	*Walter F. Schirmer, Bonn*	Glück und Ende der Könige in Shakespeares Historien
23	*Günther Jachmann, Köln*	Der homerische Schiffskatalog und die Ilias (erschienen als wissenschaftliche Abhandlung)
24	*Theodor Klauser, Bonn*	Die römische Petrustradition im Lichte der neuen Ausgrabungen unter der Peterskirche
25	*Hans Peters, Köln*	Die Gewaltentrennung in moderner Sicht
28	*Thomas Ohm, O. S. B.†, Münster*	Die Religionen in Asien
29	*Johann Leo Weisgerber, Bonn*	Die Ordnung der Sprache im persönlichen und öffentlichen Leben
30	*Werner Caskel, Köln*	Entdeckungen in Arabien
31	*Max Braubach, Bonn*	Landesgeschichtliche Bestrebungen und historische Vereine im Rheinland
32	*Fritz Schalk, Köln*	Somnium und verwandte Wörter in den romanischen Sprachen
33	*Friedrich Dessauer, Frankfurt*	Reflexionen über Erbe und Zukunft des Abendlandes
34	*Thomas Ohm, O. S. B.†, Münster*	Ruhe und Frömmigkeit. Ein Beitrag zur Lehre von der Missionsmethode
35	*Hermann Conrad, Bonn*	Die mittelalterliche Besiedlung des deutschen Ostens und das Deutsche Recht
36	*Hans Sckommodau, Köln*	Die religiösen Dichtungen Margaretes von Navarra
37	*Herbert von Einem, Bonn*	Der Mainzer Kopf mit der Binde
38	*Joseph Höffner, Münster*	Statik und Dynamik in der scholastischen Wirtschaftsethik
39	*Fritz Schalk, Köln*	Diderots Essai über Claudius und Nero
40	*Gerhard Kegel, Köln*	Probleme des internationalen Enteignungs- und Währungsrechts
41	*Johann Leo Weisgerber, Bonn*	Die Grenzen der Schrift – Der Kern der Rechtschreibreform
43	*Theodor Schieder, Köln*	Die Probleme des Rapallo-Vertrags. Eine Studie über die deutsch-russischen Beziehungen 1922–1926
44	*Andreas Rumpf, Köln*	Stilphasen der spätantiken Kunst

45	*Ulrich Luck, Münster*	Kerygma und Tradition in der Hermeneutik Adolf Schlatters
46	*Walther Holtzmann, Bonn*	Das deutsche historische Institut in Rom
	Graf Wolff Metternich, Rom	Die Bibliotheca Hertziana und der Palazzo Zuccari zu Rom
47	*Harry Westermann, Münster*	Person und Persönlichkeit als Wert im Zivilrecht
49	*Friedrich Karl Schumann †, Münster*	Mythos und Technik
52	*Hans J. Wolff, Münster*	Die Rechtsgestalt der Universität
54	*Max Braubach, Bonn*	Der Einmarsch deutscher Truppen in die entmilitarisierte Zone am Rhein im März 1936. Ein Beitrag zur Vorgeschichte des zweiten Weltkrieges
55	*Herbert von Einem, Bonn*	Die „Menschwerdung Christi“ des Isenheimer Altares
56	*Ernst Joseph Cohn, London*	Der englische Gerichtstag
57	*Albert Woopen, Aachen*	Die Zivilehe und der Grundsatz der Unauflöslichkeit der Ehe in der Entwicklung des italienischen Zivilrechts
58	*Parl Kerényi, Ascona*	Die Herkunft der Dionysosreligion nach dem heutigen Stand der Forschung
59	*Herbert Jankuhn, Göttingen*	Die Ausgrabungen in Haithabu und ihre Bedeutung für die Handelsgeschichte des frühen Mittelalters
60	*Stephan Skalweit, Bonn*	Edmund Burke und Frankreich
62	*Anton Moortgat, Berlin*	Archäologische Forschungen der Max-Freiherr-von-Oppenheim-Stiftung im nördlichen Mesopotamien 1955
63	*Joachim Ritter, Münster*	Hegel und die französische Revolution
66	*Werner Conze, Heidelberg*	Die Strukturgeschichte des technisch-industriellen Zeitalters als Aufgabe für Forschung und Unterricht
67	*Gerhard Hess, Bad Godesberg*	Zur Entstehung der „Maximen“ La Rochefoucaulds
69	*Ernst Langlotz, Bonn*	Der triumphierende Perseus
70	*Geo Widengren, Uppsala*	Iranisch-semitische Kulturbegegnung in parthischer Zeit
71	*Josef M. Wintrich †, Karlsruhe*	Zur Problematik der Grundrechte
72	*Josef Pieper, Münster*	Über den Begriff der Tradition
73	*Walter T. Schirmer, Bonn*	Die frühen Darstellungen des Arthurstoffes
74	*William Lloyd Prosser, Berkeley*	Kausalzusammenhang und Fahrlässigkeit
75	*Johann Leo Weisgerber, Bonn*	Verschiebung in der sprachlichen Einschätzung von Menschen und Sachen (erschienen als wissenschaftliche Abhandlung)
76	*Walter H. Bruford, Cambridge*	Fürstin Gallitzin und Goethe. Das Selbstvervollkommnungsideal und seine Grenze
77	*Hermann Conrad, Bonn*	Die geistigen Grundlagen des Allgemeinen Landrechts für die preußischen Staaten von 1794
78	*Herbert von Einem, Bonn*	Asmus Jacob Carsten, Die Nacht mit ihren Kindern
79	*Paul Gieseke, Bad Godesberg*	Eigentum und Grundwasser
80	*Werner Richter †, Bonn*	Wissenschaft und Geist in der Weimarer Republik
81	*Leo Weisgerber, Bonn*	Sprachenrecht und europäische Einheit
82	*Otto Kirchheimer, New York*	Gegenwartsprobleme der Asylgewährung
83	*Alexander Knur, Bad Godesberg*	Probleme der Zugewinngemeinschaft
84	*Helmut Coing, Frankfurt*	Die juristischen Auslegungsmethoden und die Lehren der allgemeinen Hermeneutik
85	*André George, Paris*	Der Humanismus und die Krise der Welt von heute
86	*Harald von Petrikovits, Bonn*	Das römische Rheinland. Archäologische Forschungen seit 1945
87	*Franz Steinbach, Bonn*	Ursprung und Wesen der Landgemeinde nach rheinischen Quellen
88	*Jost Trier, Münster*	Versuch über Flußnamen
89	*C. R. van Paassen, Amsterdam*	Platon in den Augen der Zeitgenossen
90	*Pietro Quaroni, Rom*	Die kulturelle Sendung Italiens
91	*Theodor Klauser, Bonn*	Christlicher Märtyrerkult, heidnischer Heroenkult und spätjüdische Heiligenverehrung
92	*Herbert von Einem, Bonn*	Karl V. und Tizian
93	*Friedrich Merzbacher, München*	Die Bischofsstadt
94	*Martin Noth, Bonn*	Die Ursprünge des alten Israel im Lichte neuer Quellen

95	*Hermann Conrad, Bonn*	Rechtsstaatliche Bestrebungen im Absolutismus Preußens und Österreichs am Ende des 18. Jahrhunderts
96	*Helmut Schelsky, Münster*	Der Mensch in der wissenschaftlichen Zivilisation
97	*Joseph Höffner, Münster*	Industrielle Revolution und religiöse Krise. Schwund und Wandel des religiösen Verhaltens in der modernen Gesellschaft
98	*James Boyd, Oxford*	Goethe und Shakespeare
99	*Herbert von Einem, Bonn*	Das Abendmahl des Leonardo da Vinci
100	*Ferdinand Elsener, Tübingen*	Notare und Stadtschreiber. Zur Geschichte des schweizerischen Notariats
102	*Ahasver v. Brandt, Lübeck*	Die Hanse und die nordischen Mächte im Mittelalter
103	*Gerhard Kegel, Köln*	Die Grenze von Qualifikation und Renvoi im internationalen Verjährungsrecht
104	*Heinz-Dietrich Wendland, Münster*	Der Begriff Christlich-sozial. Seine geschichtliche und theologische Problematik
105	*Joh. Leo Weisgerber*	Grundformen sprachlicher Weltgestaltung
106	*Herbert von Einem, Bonn*	Das Stützengeschoß der Pisaner Domkanzel. Gedanken zum Alterswerk des Giovanni Pisano
107	*Kurt Weitzmann*	Geistige Grundlagen und Wesen der Makedonischen Renaissance
108	*Max Horkheimer, Frankfurt/Main*	Über das Vorurteil
110	*Sir Edward Fellowes, K. C. B., C. M. G., M. C., London*	Die Kontrolle der Exekutive durch das britische Unterhaus

AGF-WA Band Nr.		WISSENSCHAFTLICHE ABHANDLUNGEN
1	*Wolfgang Priester, Hans-Gerhard Bennewitz und Peter Lengrüßer, Bonn*	Radiobeobachtungen des ersten künstlichen Erdsatelliten
2	*Leo Weisgerber, Bonn*	Verschiebungen in der sprachlichen Einschätzung von Menschen und Sachen
3	*Erich Meuthen, Marburg*	Die letzten Jahre des Nikolaus von Kues
4	*Hans-Georg Kirchhoff, Rommerskirchen*	Die staatliche Sozialpolitik im Ruhrbergbau 1871–1914
5	*Günther Jachmann, Köln*	Der homerische Schiffskatalog und die Ilias
6	*Peter Hartmann, Münster*	Das Wort als Name (Struktur, Konstitution und Leistung der benennenden Bestimmung)
7	*Anton Moortgat, Berlin*	Archäologische Forschungen der Max-Freiherr-von-Oppenheim-Stiftung im nördlichen Mesopotamien 1956
8	*Wolfgang Priester und Gerhard Hergenhahn, Bonn*	Bahnbestimmung von Erdsatelliten aus Doppler-Effekt-Messungen
9	*Harry Westermann, Münster*	Welche gesetzlichen Maßnahmen zur Luftreinhaltung und zur Verbesserung des Nachbarrechts sind erforderlich?
10	*Hermann Conrad und Gerd Kleinheyer, Bonn*	Carl Gottlieb Svarez (1746–1798) – Vorträge über Recht und Staat
11	*Georg Schreiber, Münster*	Die Wochentage im Erlebnis der Ostkirche und des christlichen Abendlandes
12	*Günther Bandmann, Bonn*	Melancholie und Musik. Ikonographische Studien
13	*Wilhelm Goerdt, Münster*	Fragen der Philosophie. Ein Materialbeitrag zur Erforschung der Sowjetphilosophie im Spiegel der Zeitschrift „Voprosy Filosofii" 1947–1956
14	*Anton Moortgat, Berlin*	Tell Chuēra in Nordost-Syrien. Vorläufiger Bericht über die Grabung 1958
15	*Gerd Dicke, Krefeld*	Der Identitätsgedanke bei Feuerbach und Marx

16a	*Helmut Gipper, Bonn und Hans Schwarz, Münster*	Bibliographisches Handbuch zur Sprachinhaltsforschung, Teil I (Erscheint in Lieferungen)
17	*Thea Buyken, Bonn*	Das römische Recht in den Constitutionen von Melfi
18	*Lee E. Farr, Brookhaven, Hugo Wilhelm Knipping, Köln, und William H. Lewis, New York*	Nuklearmedizin in der Klinik. Symposion in Köln und Jülich unter besonderer Berücksichtigung der Krebs- und Kreislaufkrankheiten
19	*Hans Schwippert, Düsseldorf Volker Aschoff, Aachen, u. a.*	Das Karl-Arnold-Haus. Haus der Wissenschaften der AGF des Landes Nordrhein-Westfalen in Düsseldorf. Planungs- und Bauberichte (Herausgegeben von Leo Brandt, Düsseldorf)
20	*Theodor Schieder, Köln*	Das deutsche Kaiserreich von 1871 als Nationalstaat
21	*Georg Schreiber, Münster*	Der Bergbau in Geschichte, Ethos und Sakralkultur
22	*Max Braubach, Bonn*	Die Geheimdiplomatie des Prinzen Eugen von Savoyen
23	*Walter F. Schirmer, Bonn und Ulrich Broich, Göttingen*	Studien zum Literarischen Patronat im England des 12. Jahrhunderts
24	*Anton Moortgat, Berlin*	Tell Chuēra in Nordost-Syrien. Vorläufiger Bericht über die dritte Grabungskampagne 1960
26	*Vilho Niitemaa, Turku, Pentti Renvall, Helsinki, Erich Kunze, Helsinki und Oscar Nikula, Åbo*	Finnland – gestern und heute

SONDERVERÖFFENTLICHUNGEN

Aufgaben Deutscher Forschung, zusammengestellt und herausgegeben von *Leo Brandt*

Band 1 Geisteswissenschaften · Band 2 Naturwissenschaften
Band 3 Technik · Band 4 Tabellarische Übersicht zu den Bänden 1—3

Festschrift der Arbeitsgemeinschaft für Forschung des Landes Nordrhein-Westfalen zu Ehren des Herrn Ministerpräsidenten *Karl Arnold* anläßlich des fünfjährigen Bestehens am 5. Mai 1955.

GPSR Compliance
The European Union's (EU) General Product Safety Regulation (GPSR) is a set of rules that requires consumer products to be safe and our obligations to ensure this.

If you have any concerns about our products, you can contact us on

ProductSafety@springernature.com

In case Publisher is established outside the EU, the EU authorized representative is:

Springer Nature Customer Service Center GmbH
Europaplatz 3
69115 Heidelberg, Germany

www.ingramcontent.com/pod-product-compliance
Ingram Content Group UK Ltd.
Pitfield, Milton Keynes, MK11 3LW, UK
UKHW061658190726
13853UKWH00008B/2268

* 9 7 8 3 6 6 3 0 0 7 7 7 7 *